PONT EN PIERRE

A CONSTRUIRE SUR LA SEINE,

A ROUEN.

PONT DE L'ÉCOLE MILITAIRE, construit sur la Seine, à Paris, en face du Champ de Mars, d'après les projets et sous la direction de M. LAMANDÉ, ingénieur en chef du Corps royal des ponts et chaussées, membre de l'Académie des sciences, belles-lettres et arts de Rouen, etc.

In-4°, avec une grande planche. Prix, 3 fr.

DESCRIPTION DU PONT EN FER COULÉ, construit à Paris sur la Seine, en face du Jardin du Roi.

In-4°, avec une grande planche. Prix, 2 fr.

PONT EN PIERRE

A CONSTRUIRE SUR LA SEINE,

A ROUEN.

───○❦◦❦○───

DEUXIÈME DEVIS DES OUVRAGES;

Précédé d'un Mémoire sur les projets proposés, sur les moyens de construction, et sur la situation des travaux au 1er janvier 1813.

A PARIS,

Chez Goeury, Libraire des Ingénieurs et de l'École royale des Ponts et Chaussées, quai des Augustins, n° 41.

1815.

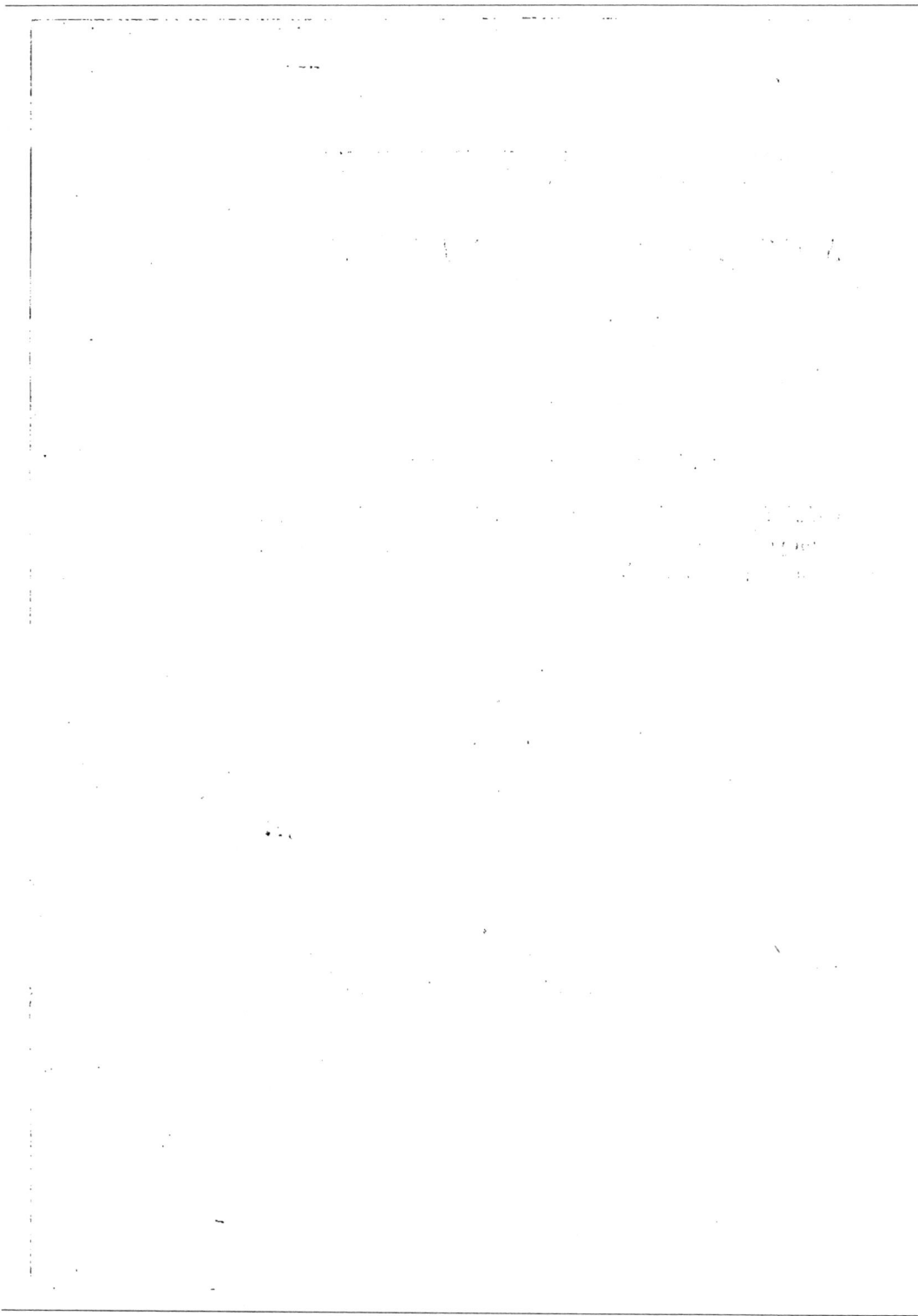

PONT EN PIERRE À ROUEN.

MÉMOIRE

*Sur le projet du Pont en pierre à construire à Rouen,
sur la Seine, en face de la rue Malpalu.*

M. le Directeur général des ponts et chaussées, par une décision du 17 décembre 1812, a prononcé la résiliation de l'adjudication passée au sieur Delachaussée pour l'entreprise des travaux du Pont de Rouen. Il a ordonné en même temps que l'ingénieur en chef « s'occupât d'un projet rectifié des ouvrages, en ayant égard aux » modifications déjà approuvées et à celles qu'il convient de propo- » ser, avec un devis et un détail estimatifs, pour servir de base à la » nouvelle adjudication. »

C'est ce travail demandé par M. le comte Molé que je présente aujourd'hui. Le premier projet a été rédigé par M. Le Masson, mon prédécesseur, avec le talent qui distingue cet ingénieur et avec une connoissance exacte des localités. Je me bornerai donc à proposer des modifications que l'expérience d'une campagne m'a fait reconnoître utiles, et d'autres qui sont le fruit de mes études sur les moyens de fonder dans l'eau à une grande profondeur.

La communication entre les deux rives de la Seine, à Rouen, a lieu maintenant sur un pont de bateaux qui a été construit en 1626. A 88 mètres de distance en aval, existent les ruines d'un ancien pont de pierre, qui, selon F. Farin (*Histoire de la ville de Rouen*, chap. 65, pag. 503), avoit été bâti par les soins et aux frais de Mathilde, femme de Henri II, duc de Normandie et roi d'Angleterre, vers l'an 1160. « Ce pont, dit l'auteur, avoit 75 toises de longueur,

1

» et étoit composé de treize arches. L'an 1502, trois de ces ar-
» ches tombèrent. Deux autres eurent le même sort en 1533, et on
» les fit refaire en bois aux dépens de la ville. Enfin, en 1564,
» quelques autres arches s'étant entr'ouvertes, on ne trouva plus de
» sûreté à passer sur le pont; et pour lors Messieurs de ville firent
» faire deux grands bacs pour passer les harnois.

» L'an 1626, sur l'avis que plusieurs architectes donnèrent à
» Messieurs de ville, qu'on ne pouvoit faire un pont de pierre, à
» cause de la rapidité et de la profondeur de la rivière, ils firent cons-
» truire celui de bois, que l'on voit maintenant, lequel étant posé
» sur dix-neuf grands bateaux qui haussent et baissent au gré de
» l'eau, subsiste par le bon ordre desdits sieurs conseillers de ville, qui
» de temps en temps y font les réparations nécessaires, ouvrage ingé-
» nieux, digne d'admiration et le plus curieux qui soit en France. »

Le système de ce pont et de la passe qu'on y a réservée pour la
navigation, quoique assez ingénieusement combiné, est loin cependant de rien renfermer, ni dans ses détails, ni dans son ensemble,
qui puisse exciter l'admiration; et depuis un grand nombre d'années on est bien moins frappé des avantages de cet établissement,
que des inconvéniens graves auxquels il donne lieu et qui sont:
1°, les causes fréquentes de l'interruption du passage; 2°, la difficulté de l'accès dans les grandes marées et dans les basses eaux.

La communication se trouve interrompue tous les jours pendant
une heure environ pour le passage des bâtimens. Cet inconvénient
n'est pas très-grave, parce que le capitaine du port a soin de disposer
les mouvemens de manière à n'ouvrir la passe que le matin, avant
l'heure où la grande circulation a lieu. Mais dans les temps de débâcle des glaces, qui obligent à démonter et à garer une partie des
bateaux, ou lorsqu'on fait de grosses réparations qui exigent que
quelques-uns de ces bateaux soient remplacés par de neufs, il faut
tout-à-fait interdire le passage; et cette interruption dure un mois,
six semaines et quelquefois plus.

On passe du quai sur le premier bateau, au moyen d'un tablier en charpente. Quoique l'on ait, par le secours de l'art et en armant les poutres, donné à chacun des tabliers la plus grande longueur possible (13 mètres 80 centimètres), ils présentent, soit à l'époque des marées de vive eau, soit dans le temps des plus basses eaux, des rampes rapides et dangereuses pour les grosses voitures de rouliers; et souvent il arrive des accidens.

Ces motifs font désirer depuis long-temps l'établissement d'un pont de pierre. On n'est plus arrêté par les craintes que témoignè-rent en 1626 les architectes que le corps de la ville de Rouen con-sulta, l'art des constructions hydrauliques ayant fait, depuis cette époque et notamment depuis Perronet, des progrès sensibles.

En 1789, M. Lamandé, père du soussigné, alors ingénieur en chef de la généralité de Rouen, proposa un projet d'embellissement et d'agrandissement du port et de la ville, lequel reçut l'approbation des autorités locales et du roi. Par ce projet, deux Ponts de pierre devoient être construits sur la Seine, l'un dans le prolongement du boulevart de Crosne redressé, l'autre à l'extrémité *ouest* de l'île la Croix, emplacement dont le conseil général des ponts et chaussées a fait choix en 1808 pour le Pont que l'on bâtit actuellement. Une grande rue neuve en ligne droite étoit projetée en face de ce Pont jusqu'à la place Saint-Ouen.

L'espace compris entre les deux Ponts en pierre devoit former un bassin pour les navires marchands. Un canal de navigation de-voit être ouvert dans le faubourg Saint-Sever, avec une branche de communication pour passer de ce canal dans le bassin.

Par ce projet vaste, tous les nouveaux établissemens de la ville se reportoient vers le faubourg Saint-Sever, qui devenoit le quar-tier neuf. Sans la révolution, cet heureux changement seroit peut-être entièrement opéré.

M. Le Masson, dans le projet qu'il a rédigé, et qui a été approuvé par M. le Directeur général des ponts et chaussées le 6 septembre 1811, a reporté un peu vers l'ouest l'axe de la rue projetée à travers la ville, de manière à aboutir au centre de la cour de l'abbaye de Saint-Ouen, qui est devenue la place de l'Hôtel-de-ville. Il propose en outre de prolonger par la suite cette rue jusqu'au boulevart; de manière à établir une nouvelle et très-belle traverse.

L'axe de la rue projetée à travers le faubourg est dirigé sur le clocher de l'église de Saint-Sever. Ces deux traverses neuves font entre elles un angle de 146 degrés; et le point d'intersection est le centre d'une place circulaire, située à l'extrémité de l'île la Croix, entre les deux branches du nouveau Pont, et destinée à recevoir un monument.

Ce tracé est commandé par les localités, 1°, afin que la branche du Pont à établir sur le bras gauche de la Seine soit, comme celle projetée sur le bras droit, construite d'équerre sur la direction du courant et sur celle des rives; 2°, pour rejoindre par la ligne la plus courte la route de la Basse-Normandie, qui aboutit sur la place de l'église de Saint-Sever.

Je ne puis que proposer le maintien de ces dispositions générales qui me semblent bien projetées. Je vais passer à l'examen des détails du Pont.

Augmentation de largeur. Une des modifications importantes a déjà été approuvée par M. le Directeur général, qui, par décision du 22 août 1812, a, sur la proposition que je lui ai faite, porté à 15 mètres, au lieu de 14 mètres 40 centimètres, la largeur entre les têtes du Pont. Cette augmentation de 60 centimètres est nécessaire sur une route aussi fréquentée. La voie, déduction faite de 1 mètre 20 centimètres pour l'épaisseur des deux parapets, sera de 13 mètres 80 centimètres, dont 2 mètres 40 centimètres pour chacun des trottoirs, et 9 mètres pour la chaussée.

Mode de fondation des culées. Suivant le premier projet, la maçonnerie des culées devoit être établie sur un grillage en charpente portant en partie sur des pilots et en partie sur le sol. Ce mode de fondation n'avoit été adopté par le conseil que dans l'hypothèse que la couche de tuf, ou terrain solide, existoit à peu près au niveau fixé pour la plate-forme. Or il résulte des sondes que j'ai faites dans l'emplacement de la culée, que, jusqu'à plus de 5 mètres au-dessous de ce niveau, le terrain est un mélange de sable et de vase sans consistance, dans lequel la sonde, qui avoit 8 mètres de longueur, s'est enfoncée sans atteindre le tuf. Le draguage que l'on a fait dans le batardeau construit en avant de la culée a donné des résultats conformes à ceux obtenus avec la sonde : ce qui indiqueroit qu'autrefois la Seine a coulé dans l'emplacement actuel de la culée du Pont, que même son lit y étoit profond, et que cette partie du port s'est successivement élargie par des remblais dans le lit du fleuve.

Si l'on établissoit la culée sur un grillage posé sur le terrain à la hauteur indiquée dans le premier devis, la partie ainsi fondée éprouveroit nécessairement un affaissement par suite de la compression du sol. La partie fondée sur pilotis, comprenant la demi-pile en avant du corps carré de la culée et le libage posé derrière le parement, sur 3 mètres 50 centimètres d'épaisseur, resteroit fixe pendant que l'autre tasseroit. Il en résulteroit une scission dans le massif de la maçonnerie et des lézardes dans les murs de tête.

Si, suivant les expressions de ce devis, on draguoit jusqu'au tuf ou terrain solide, il deviendroit impossible d'épuiser à une aussi grande profondeur pour poser le grillage sur le sol. Ainsi il faudroit remplir toute cette fouille en maçonnerie de béton. Outre la dépense considérable qui en résulteroit, je craindrois que ce massif de béton ne fût comprimé inégalement par le poids des assises supérieures, et ne donnât lieu à des différences de tassement.

J'ai donc pensé que, pour ne pas compromettre la solidité de la culée, et pour prévenir tout déchirement dans la maçonnerie, le seul moyen étoit d'établir la totalité de la fondation sur pilotis. Cette proposition, que j'ai faite le 5 août 1812, a été adoptée par le Conseil des ponts et chaussées le 22 du même mois. Ce mode de fondation a été appliqué avec succès à la culée construite sur la rive droite pendant la campagne dernière. Je pense qu'il convient de l'appliquer également aux trois autres culées du Pont, attendu qu'il résulte des sondes faites dans l'emplacement de chacune, que le terrain, sans être tout-à-fait aussi vaseux que celui de la rive droite, est un sable d'alluvion, sans consistance, et dans lequel les pieux pénètrent à une très-grande profondeur. Il faut, d'après l'expérience, leur donner 12 mètres de longueur réduite.

Mode de fondation des piles. On n'a encore fait aucune disposition pour la fondation des piles. M. Le Masson, dans le premier projet qu'il a présenté, et qui a été examiné par le Conseil général des ponts et chaussées le 24 août 1810, proposoit de les fonder sur une large plate-forme en béton, contenue par des pieux jointifs. M. le Directeur général, sur l'avis du Conseil, décida, le 3 septembre suivant, que « l'emplacement de » chaque pile seroit entouré par des pieux jointifs formant encais- » sement, de 7 mètres 20 centimètres de largeur, et dans lequel » seroient espacés d'autres pieux, d'un mètre 20 centimètres de » milieu en milieu ; que tout l'intervalle, dragué aussi bas qu'il se » pourroit, seroit rempli en béton ;

» Que les pieux de ces piles, recepés à 3 mètres au-dessous du » plus bas étiage, recevroient un caisson construit à la manière » ordinaire. »

La profondeur du recepage des pieux de fondation, fixée par le Conseil à 3 mètres au-dessous du plus bas étiage, ne peut pas être augmentée si l'on veut faire cette opération avec toute l'exactitude nécessaire ; car la machine à receper, la plus parfaite que l'on connoisse, qui est celle inventée par MM. de Bentivoglio et de Cessart pour le pont de Saumur, ne peut être manœuvrée que sur le pont de service établi à 2 mètres 75 centimètres de hauteur au-dessus de cet étiage. L'expérience a démontré qu'il n'est pas trop élevé, puisque les eaux le couvrent à presque toutes les marées de vive eau. Le châssis s'élève à 80 centimètres au-dessus du pont de service ; ce qui donne pour la longueur des élindes, ou montans de la machine à receper, 6 mètres 55 centimètres. J'ai reconnu, d'après l'emploi fréquent que j'ai fait de cette machine, que c'est le *maximum* de profondeur auquel on peut atteindre pour opérer avec précision.

Dans le projet rédigé d'après ces données, les pieux doivent avoir 5 mètres 8o centimètres de hauteur au-dessus du sol, et prendront, d'après les expériences, 5 mètres 3o centimètres de fiche. La longueur de ces pieux au-dessus du terrain, qui est déjà très-considérable, et qui augmenteroit encore s'il y avoit des affouillemens sous les arches; la pression exercée contre ces pieux par le massif en béton, et qui tend à les faire courber, exigent que cette enceinte soit défendue extérieurement. On a proposé d'y faire des enrochemens en moellons : c'est le moyen qui a été employé avec succès pour les piles du pont du Jardin du Roi et du pont de l'École Militaire, que j'ai fait construire à Paris. Il a également réussi dans beaucoup d'autres localités; mais il ne me paroît pas présenter pour les fondations du Pont de Rouen le même degré de solidité; et comme la durée de ce Pont dépend uniquement des moyens qui seront employés pour assurer celle des fondations des piles, je crois que c'est le point essentiel sur lequel je dois appeler l'attention du Conseil général.

La profondeur de l'eau, dans l'emplacement des piles sur les deux bras de rivière, est de 8 mètres 7o centimètres au-dessous du plus bas étiage. La marée monte d'environ 2 mètres : ainsi il n'y a jamais moins de 10 mètres 7o centimètres de profondeur d'eau dans l'emplacement d'une pile. A Paris, la plus grande profondeur en contre-bas de l'étiage est de 4 mètres 5o centimètres. Si les enrochemens ont suffisamment défendu les fondations des piles des ponts du Jardin du Roi et de l'École Militaire, on ne peut pas en conclure qu'ils réussiront également au Pont de Rouen, les localités étant trop différentes.

Dans le dessin qui est présenté, on a supposé que ces enrochemens prendroient un talus de 45 degrés. Mais il est certain qu'ils prendront un talus plus considérable; et le courant de la marée montante et descendante, qui, lorsque les vents soufflent de l'ouest, a une rapidité très-forte, régalera promptement en amont et en aval du Pont les blocs que l'on aura jetés. Il faudra donc continuellement faire des sondes pour constater l'état de ces jetées, et remplir les brèches à mesure qu'elles se formeront. Il résultera de ce remplacement continuel une dépense d'entretien considérable ; et si on le néglige pendant quelques années, on peut laisser former des affouillemens, compromettre les fondations d'une pile, et l'exposer à être emportée par une forte débâcle, comme l'ont été, en 1788, les piles du pont de Tours.

Les enrochemens projetés ont encore l'inconvénient de diminuer de plus d'un cinquième la section du fleuve. Ce n'est déjà qu'en prenant sur son lit que les ports qui bordent ses deux rives ont été formés. Je regarde donc comme essentiel de rétrécir le moins possible le débouché actuel. C'est pour cette raison que les grandes arches en arc de cercle, et les piles minces projetées par M. Le Masson, me paroissent être, dans cette localité, très-convenablement appliquées : mais l'on détruiroit en grande partie cet avantage si l'on obstruoit ces arches par d'énormes enrochemens ; ainsi j'ai cherché un autre moyen de défendre l'encaissement des piles. Il consiste à construire autour des pieux jointifs une crèche basse, formée elle-même d'un second rang de pieux jointifs, qui ne sailliroient que de 2 mètres 50 centimètres au plus au-dessus du sol, et à remplir l'intérieur en béton. Par ce moyen je rends, d'une manière factice, aux pieux jointifs de la pile la profondeur de fiche qui leur manque ; et j'augmente, par l'empatement de la crèche, la résistance à la poussée exercée par le béton contre ces pieux. Diminuant très-peu la section de l'eau, je n'ai plus d'affouillemens à craindre ; et les têtes des pieux de cette seconde ligne d'enceinte étant à 6 mètres au-dessous des plus basses eaux, elle sera à l'abri de toute attaque de la part des glaces et du courant.

A mesure que les années augmenteront la consistance du béton, le système que je propose acquerra plus de solidité ; et il me semble qu'une fondation ainsi établie peut être considérée comme indestructible, si elle est bien exécutée. J'ai détaillé dans le devis, depuis l'article 89 jusqu'à l'article 95, les moyens d'exécution que je propose d'employer, tant pour opérer, le plus régulièrement possible, le battage des pieux, que pour l'assemblage et la pose des ventrières de ceinture.

Les ouvertures des arches restent les mêmes que dans le premier projet; elles sont seulement exprimées en nombres ronds, c'est-à-dire que celle du milieu aura 31 mètres au lieu de 30 mètres 60 centimètres, qui avoient d'abord été projetés; et les autres, 26 mètres au lieu de 25 mètres 60 centimètres. Construction des arches.

La hauteur sous clef de l'arche marinière est, dans le nouveau projet, de 9 mètres 32 centimètres au-dessus de l'étiage, et de 5 mètres 46 centimètres au-dessus des eaux navigables. Dans les dessins que M. Le Masson m'a remis, cette hauteur est cotée à 9 mètres 92 centimètres, ce qui fait une différence de 60 centimètres. Quoique cette différence ne soit pas considérable, j'ai cru devoir la proposer, parce que, s'il est important de conserver toute la hauteur sous clef nécessaire pour le service de la navigation, il ne l'est pas moins de ne pas augmenter sans nécessité les remblais sur le quai de Rouen, qui seront d'autant plus considérables, que l'on tiendra le pont plus élevé. Or j'ai reconnu, par tous les renseignemens que j'ai recueillis auprès des mariniers et maîtres de port, et par ceux que m'a fournis M. D'Hôtel, ingénieur chargé de l'écluse du Pont-de-l'Arche, que la hauteur de 5 mètres 46 centimètres au-dessus des eaux navigables est suffisante: elle est même de 30 centimètres plus forte que celle fixée par le Conseil des ponts et chaussées pour le nouveau pont construit sur cette écluse de Pont-de-l'Arche.

L'épaisseur de la voûte, de la chape et du pavé est de 2 mètres 73 centimètres; ce qui détermine le sommet de la chaussée du Pont à 12 mètres 5 centimètres au-dessus de l'étiage.

A partir de ce point, je propose de descendre par une pente de 3 centimètres par mètre, qui est à peu près celle du pont Louis XVI. Cette même pente se continueroit jusqu'à l'extrémité des rampes. Dans le premier projet, la pente du Pont est de 2 centimètres, et celle des rampes de 4 centimètres. J'ai cru préférable de répartir uniformément la pente, depuis l'extrémité des rampes jusqu'au

2

milieu du Pont. Par ce moyen, ces rampes deviennent plus douces. J'ai encore été conduit à ce changement par le motif de diminuer la hauteur des remblais à faire sur le quai, condition très importante.

Sur un des dessins qui m'a été remis par M. Le Masson, étoit tracée l'élévation d'un cintre en charpente, avec un point d'appui au milieu. Ainsi le Conseil des ponts et chaussées a adopté pour la construction des voûtes du Pont de Rouen un système de cintre fixe : celui que je propose est de cette espèce. Il est porté par deux cours de jambe de force et deux palées, entre lesquelles je laisse un espace suffisant pour déposer les pierres de chaque voûte, qui seront transportées par bateaux, et montées par une machine établie sur le milieu des cintres. Je présente ce système avec d'autant plus de confiance, que c'est le même dont j'ai fait usage au pont de l'École Militaire, qui par conséquent a déjà eu l'approbation de M. le Directeur général, sur l'avis du Conseil général des ponts et chaussées, et qui a réussi au-delà même de nos espérances, puisque le tassement total des voûtes de ce pont, pendant et après le décintrement, n'a été que de 11 centimètres.

Arcades dans les culées. Je conserve les voûtes pratiquées dans les massifs des culées pour communiquer des parties du port situées en amont du Pont à celles en aval. J'ai seulement cru devoir réduire à 4 mètres 16 centimètres l'ouverture de ces voûtes, qui étoit projetée de 6 mètres. L'ouverture que je propose est égale à celle des voûtes pratiquées dans les culées du pont de Neuilly, pour le halage. Ces évidemens, qui affoiblissent les culées dans la partie qu'il est le plus essentiel de fortifier pour résister à la poussée lorsque les voûtes sont en arc de cercle, doivent se réduire à ce qui est strictement nécessaire pour le service de la navigation. On voit, dans le dessin, les précautions d'appareil que j'ai prises pour prévenir, au moyen de la construction d'un radier courbe, toute scission dans la maçonnerie, et pour reporter la poussée contre la partie inférieure du massif.

Rampes d'abord. La largeur moyenne du quai de Rouen est de 45 mètres. C'est celle qui a toujours été fixée par les projets approuvés; et elle n'est pas trop considérable, tant à cause de la grande circulation des voitures et des habitans sur un quai faisant partie des routes de Paris au Havre et à Dieppe, qui sont très-fréquentées, qu'eu égard aux mouvemens du port, au débarquement, au dépôt et au transport des marchandises. Cependant, par le premier projet adopté pour les abords du pont de pierre, le quai seroit divisé en trois parties; savoir, 17 mètres pour le port, 14 mètres pour les rampes d'abord, et 14 mètres pour une rue comprise entre un des murs de soutenement de ces rampes et l'alignement des maisons.

Je propose de supprimer cette espèce de rue basse, et d'étendre les remblais des rampes jusqu'à l'alignement des maisons, de manière que le rez-de-chaussée de ces maisons, qui sont presque toutes à bâtir à neuf, soit de niveau avec le pavé de ces rampes. J'ai, dans mon rapport, du 25 septembre 1812, détaillé les principaux motifs de ce changement.

Le port de Rouen, par sa position peu éloignée de la capitale, par la profondeur du fleuve, qui peut recevoir en tout temps des navires marchands d'un grand tirant d'eau, et par les relations commerciales du département dont la ville de Rouen est le chef-lieu, a toujours été considéré comme un des ports les plus importans de la France. Les quais, revêtus de murs de soutenement en pierre de taille, sont assez spacieux pour servir au dépôt des marchandises, sans nuire à la circulation du public et au passage d'une des routes les plus fréquentées, celle n° 15, de Paris au Havre.

Mais on regrette depuis long-temps, et avec raison, qu'au lieu d'être décorés par de beaux édifices bâtis sur un plan régulier, ces quais ne soient bordés que de masures mal alignées, qui contrastent d'une manière frappante avec les ressources d'une ville grande et opulente. On a fait, à diverses époques, des projets de redressement, qui ont toujours échoué au moment d'en commencer l'exécution. L'ingénieur en chef qui m'a précédé, en a rédigé deux, dont l'un fut approuvé en 1802, et l'autre en 1808.

M. le Directeur général, d'après le compte qu'il s'est fait rendre

Alignement et redressement des quais.

de ces projets, a jugé que les observations auxquelles ils avoient donné lieu, et qui en ont arrêté l'exécution, étoient fondées, et qu'il étoit nécessaire de faire un nouveau tracé général. Il en a lui-même posé les bases dans sa lettre du 18 novembre 1812, ainsi qu'il suit :

1º. Les largeurs des quais et de la voie publique seront, autant que possible, laissées de 45 mètres.

2º. On s'attachera à placer les façades suivant de longs alignemens, en évitant les avant et arrière-corps.

3º. On conservera, autant qu'on pourra, ce qui a été construit jusqu'à présent.

4º. Les alignemens des maisons seront tracés dans l'hypothèse du maintien illimité du quai de Cessart et des autres grands quais actuels, conformément aux précédens avis du Conseil des ponts et chaussées, et à la décision du 8 juin 1808.

J'ai rédigé, d'après ces bases, un nouveau plan de redressement, qui fera l'objet d'un rapport particulier : je vais seulement en décrire les dispositions principales.

Dans ce plan, les façades du nouveau quai, depuis le mont Ribou-det, côté du Havre, jusqu'au cours Dauphin, côté de Paris, seront construites suivant trois directions. La première, en partant du boulevart de Crosne, aboutit à la rue Saint-Éloi, sur une longueur de 274 mètres, en suivant l'alignement des maisons neuves cons-truites par le sieur Manoury et autres propriétaires, maisons bien bâties, et les seules qui contribuent déjà à la décoration du quai.

La seconde direction s'étend depuis la rue Saint-Éloi jusqu'à la nouvelle rue projetée en face du Pont de pierre, par une seule ligne droite de 760 mètres 50 centimètres de longueur. Cette ligne avance sur le port actuel, dans la partie comprise entre la rue du Crucifix et celle de la Tuile. Comme la ligne des anciennes maisons forme, dans cette partie, une courbe concave très-prononcée, tout projet de redressement rend cette anticipation nécessaire.

Enfin, la troisième direction comprend depuis la rue projetée en face du Pont (actuellement rue Malpalu), jusqu'au cours Dauphin, qui termine le port de Rouen à l'est, comme le mont Riboudet le termine à l'ouest.

Le décret du 10 juin 1806, qui ordonne la construction d'un Pont en pierre à Rouen, ne fait point mention du redressement de la rue Malpalu, ni de la rue projetée en prolongement de celle-ci, pour former une nouvelle traverse de la ville, suivant un seul et grand alignement qui doit s'étendre depuis le port jusqu'au boulevart Beauvoisine. Cependant l'exécution de cette traverse est une suite nécessaire de celle du Pont, et sans cela le projet seroit incomplet.

Nouvelle traverse.

Lorsque le pont d'Orléans et celui de Tours ont été bâtis, des rues neuves ont été ouvertes en face. La ville de Rouen, sous les rapports de la population, du commerce et de l'industrie, est bien plus importante que Tours et Orléans. D'ailleurs, le projet de cette traverse est un des principaux motifs qui ont déterminé à placer le Pont vis-à-vis la rue Malpalu, parce que l'on a calculé que, pour cet emplacement, la nouvelle rue à ouvrir donneroit lieu à des indemnités de maisons et terrains beaucoup moins fortes que pour tout autre, et qu'elle seroit par conséquent d'une exécution plus facile et plus prompte.

A Rouen, le 25 janvier 1813.

L'Ingénieur en chef des ponts et chaussées,

LAMANDÉ.

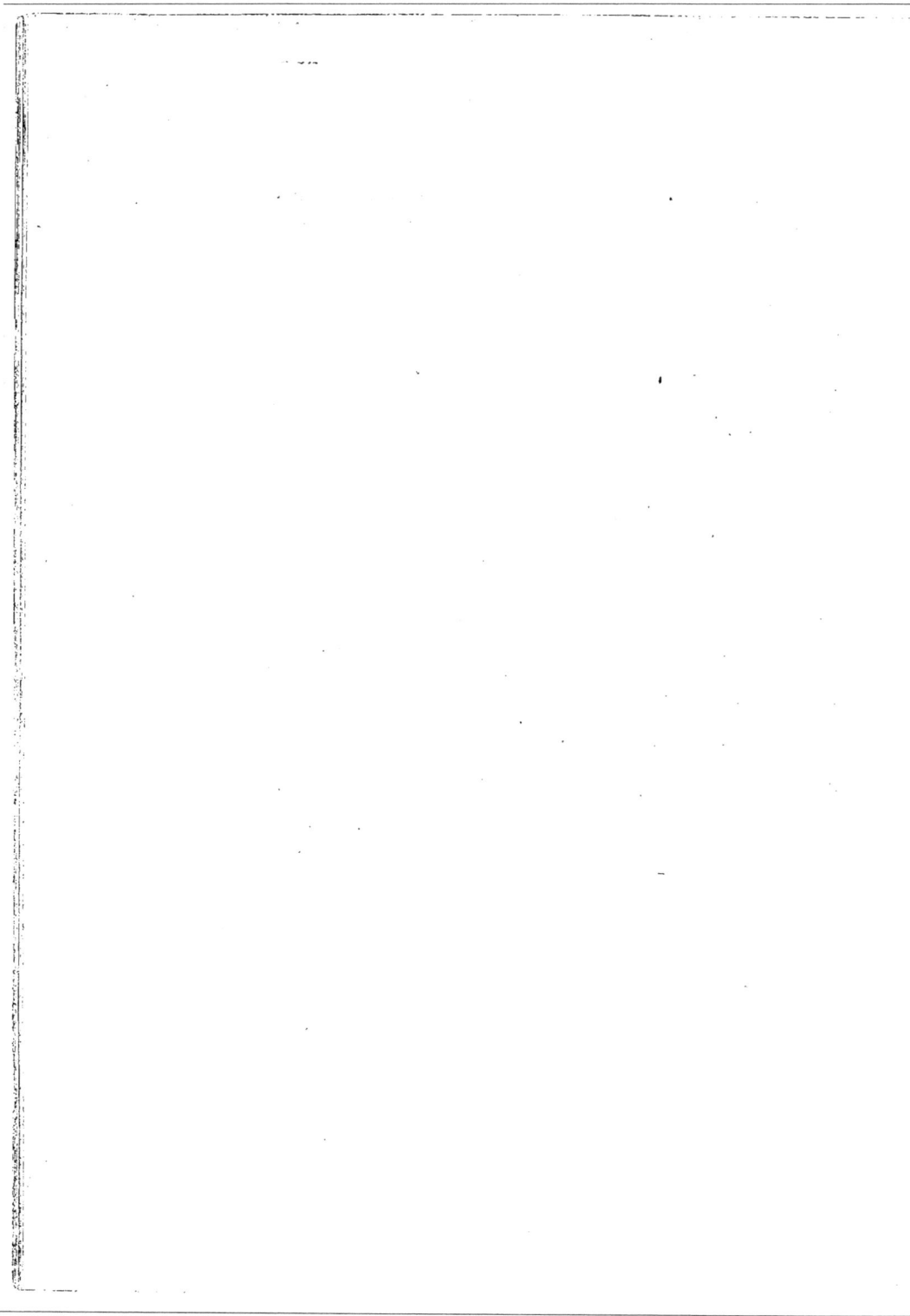

~~~~~~

*DEUXIÈME DEVIS des ouvrages du Pont en pierre
à construire sur la Seine, à Rouen, en face de la rue
Malpalu, et divisé en deux parties par l'île la Croix.*

LA construction du Pont de Rouen a été ordonnée par décret du EXPOSÉ.
10 juin 1810. Le projet et le devis en ont été rédigés par M. Le
Masson, ingénieur en chef du département de la Seine-Inférieure,
le 20 mars 1811, et approuvés par M. le Directeur général, le 6
septembre de la même année, ainsi qu'une partie du détail estimatif comprenant seulement les trois arches à construire sur le
bras droit de la rivière, et montant, y compris
400,000 fr. de somme à valoir, à . . . . | 1,829,409 fr. 05 c.

L'adjudication pour cette première partie a
été passée, le 23 août 1811, moyennant une
somme de . . . . 1,345,380 fr. 00 c.

A quoi il faut ajouter la } 1,745,380   00
somme à valoir, de. 400,000   00
                                        _____
Rabais produit par l'adjudication . . . . . . | 84,029   05

L'entrepreneur ayant laissé languir les travaux, M. le Directeur
général, sur le compte qui lui en a été rendu, a, par décision du
17 décembre 1812, prononcé la résiliation du marché, ordonné la
réadjudication des ouvrages et chargé l'ingénieur en chef soussigné
de rédiger, pour servir de base à cette réadjudication, de nouveaux
devis et détail estimatifs, dans lesquels on inséreroit toutes les modifications qu'une étude plus approfondie des localités et l'expérience
des deux campagnes 1811 et 1812 auroient fait juger nécessaire
d'apporter au premier projet.

Le présent devis sera divisé en six sections :

1ère SECTION. — Description générale du Pont.

2e SECTION. — Construction des différens ouvrages.

3e Section. — Qualité des matériaux.
4e Section. — Ordre à suivre dans les travaux.
5e Section. — Indication, 1°, des quantités d'ouvrages à exécuter, ou résultats des métrages faits d'après les dimensions portées dans les quatre premières sections;

2°. Des quantités des ouvrages exécutés, ainsi que des approvisionnemens existant sur les chantiers à l'époque de la deuxième adjudication, et qui seront livrés au nouvel adjudicataire.

6e Section. — Conditions imposées à l'adjudicataire.

PREMIÈRE SECTION.

DESCRIPTION GÉNÉRALE DU PONT.

CHAPITRE PREMIER.

Emplacement du Pont et dispositions du projet.

ARTICLE PREMIER.

Tracé des deux parties du Pont. Le Pont sera divisé en deux parties égales par l'île la Croix. Les axes de ces deux parties feront entre eux un angle de 146°.

L'axe de la première partie, construite sur le bras droit de la rivière, sera le prolongement de celui de la nouvelle rue projetée sur une largeur de 13 mètres 80 centimètres, depuis le point du quai où aboutit actuellement la rue Malpalu jusqu'à la place de l'Hôtel-de-ville, en passant à l'angle du palais archiépiscopal. Cette rue doit être par la suite prolongée en ligne droite jusqu'au boulevart, et se joindre, à la sortie de la ville, avec la grande route n° 31, 3e classe, de Rouen à Saint-Omer par Abbeville.

L'axe de la seconde partie du Pont, construite sur le bras gauche de la rivière, sera aligné sur le clocher de l'église de Saint-Sever. Il sera ouvert dans cette direction une nouvelle rue qui s'embranchera, en face de ladite église, sur la route actuelle n° 158, 3ᵉ classe, de Bordeaux à Rouen par Niort, Alençon, etc.

ARTICLE 2.

Le point d'intersection des deux axes sera le centre d'une place circulaire de 14 mètres de rayon, au milieu de laquelle sera élevé un monument.

Place circulaire à l'extrémité de l'île la Croix.

ARTICLE 3.

Chaque partie du Pont sera composée de trois arches portées sur deux piles et deux culées construites à angle droit sur les axes du Pont.

Description et dimensions du Pont.

Chaque culée sera accompagnée d'une demi-pile et de deux murs d'épaulement, et elle sera traversée par une arcade qui servira, soit au halage, soit à la communication des ports situés en amont du Pont avec ceux situés en aval.

Les trois arches, ainsi que les culées, seront couronnées par une corniche et un socle servant de parapet.

ARTICLE 4.

La distance comprise entre le nu des culées, c'est-à-dire, d'un mur de quai à l'autre, sera de 92 mètres 60 centimètres.

SAVOIR :

L'arche principale, de 31 mètres d'ouverture;

Les deux autres, ayant chacune 26 mètres;

Deux piles, de 3 mètres 60 centimètres, mesurés sur les retraites, et 3 mètres 20 centimètres, mesurés sous le cordon ;

Et deux demi-piles, d'un mètre 60 centimètres chacune, mesurés de même sous l'assise de couronnement.

La largeur du Pont, mesurée entre les deux têtes des arches, sera de 15 mètres; savoir, 9 mètres pour la chaussée, 2 mètres 40 centimètres pour chaque trottoir, et 60 centimètres pour chaque parapet.

ARTICLE 5.

On pratiquera dans la maçonnerie de la banquette et en avant des

Tuyaux de con-

3

(18)

duite logés sous la banquette des trottoirs.

trottoirs un évidement pour loger des tuyaux de conduite destinés à porter des eaux potables dans le faubourg Saint-Sever, et qui seront placés par la suite aux frais de la ville de Rouen.

ARTICLE 6.

Remblais sur le quai, pente et longueur des rampes.

Le pavé actuel du quai de Paris, dans l'emplacement de la culée du Pont du côté de la ville, étant d'un mètre en contrebas du niveau des eaux de 1740, et le pavé de cette culée devant être à 3 mètres 65 centimètres au-dessus de ce niveau, il y aura dans cette partie du quai un remblai de 4 mètres 65 centimètres de hauteur, mesurée dans le plan vertical passant par l'axe du Pont, et à 29 mètres de distance de l'alignement adopté pour les maisons à bâtir sur ce quai.

Le remblai s'étendra sur le quai jusqu'à l'alignement des maisons, sur la largeur totale de 29 mètres, à partir de l'extrémité du dés de la culée.

ARTICLE 7.

La pente totale en travers du quai jusqu'au ruisseau, placé à 5 mètres des façades, sera de 72 centimètres. En déduisant cette pente de la hauteur du remblai indiquée ci-dessus, qui est de 4 mètres 65 centimètres, et ajoutant celle du revers, qui sera de 20 centimètres, on trouve que le remblai dans l'alignement des maisons à bâtir aux angles de la rue projetée sera de 4 mètres 13 centimètres.

ARTICLE 8.

A partir de ces angles, les remblais seront établis de part et d'autre, suivant une pente de 3 centimètres par mètre (2° 1/4 par toise), de manière à se raccorder avec le pavé du quai actuel, au levant, à 34 mètres 50 centimètres de distance de la porte de Guillaume-Lion, et au couchant, à 50 mètres de distance de celle du Bac.

ARTICLE 9.

Mur de soutenement des rampes.

Ces remblais seront soutenus, du côté du port, par un mur de soutenement. Ce mur sera couronné par un cordon et un parapet, et portera un trottoir, qui aura, comme ceux du Pont, 2 mètres 40 centimètres de largeur.

ARTICLE 10.

On communiquera des trois autres culées du Pont avec l'île la Croix, le cours la Reine et le quai Saint-Sever, par des rampes qui auront 4 centimètres de pente par mètre, et seront également bordées par des murs de soutenement.

CHAPITRE II.

Description des culées et murs d'épaulement.

Culées.

ARTICLE 11.

Les culées auront, y compris les demi-piles, 18 mètres d'épaisseur, mesurés suivant l'axe du Pont, au-dessus de la seconde retraite, et 18 mètres 52 centimètres de largeur entre les murs de tête. Chaque demi-pile aura 15 mètres de corps carré. Les avant et arrière-becs seront arrondis suivant un quart de cercle de 1 mètre 76 centimètres de rayon, mesuré au-dessus des retraites, et 1 mètre 60 centimètres seulement, mesuré dans l'assise du couronnement, de sorte que le parement sera élevé suivant un fruit de 4 centimètres pour mètre.

Dimensions des culées et mode de fondation.

ARTICLE 12.

Les culées seront fondées sur pilotis, grillage et plate-forme en charpente, posés horizontalement à 1 mètre 8 centimètres au-dessous de l'étiage ou niveau des plus basses eaux connues. L'étiage, d'après les renseignemens les plus exacts que l'on s'est procurés, correspond à 6 mètres 22 centimètres au-dessous des eaux de 1740, dont la hauteur est repérée sur un des pieds-droits de la porte du Bac.

La fondation sera défendue des affouillemens par un rang de pieux jointifs.

Ces pieux seront contenus par un enrochement en gros blocs, dont le sommet sera à 1 mètre 5o centimètres seulement en contre-bas de l'étiage.

ARTICLE 13.

La hauteur totale de la culée, mesurée dans un plan vertical passant par l'axe des arcades de communication, sera, depuis le dessus de la plate-forme jusque sous la corniche, de 10 mètres 69 centimètres; savoir,

Une première assise de fondation, de 0^m 54 centimètres d'épaisseur; un massif de maçonnerie en moellons et libages, ayant une épaisseur de 5 mètres 52 centimètres depuis le dessus de cette assise jusqu'au-dessous du socle des arcades ; enfin, une hauteur de 4 mètres 63 centimètres depuis et compris le socle des arcades jusqu'au couronnement du mur.

ARTICLE 14.

Épaisseur de l'appareil.

Le parement de la culée et de la demi-pile, ainsi que celui des murs de tête des arcades, sera construit en pierre de taille d'un mètre 15 centimètres d'épaisseur moyenne d'appareil pour la demi-pile, et de 0^m 82 centimètres seulement pour les murs de tête.

Les deux premières assises de fondation porteront chacune une retraite de 0^m 3o centimètres. Ces deux assises auront 1 mètre 8 centimètres d'épaisseur, y compris les joints. Les autres assises, jusqu'au couronnement de la pile, auront toutes une épaisseur égale de 0^m 5o centimètres. Les trois qui comprennent le couronnement et le chaperon auront ensemble 1 mètre 5o centimètres de hauteur; et enfin, depuis le dessus du chaperon de la demi-pile jusque sous la corniche, il y aura neuf assises, ayant 0^m 45 centimètres de hauteur chacune.

ARTICLE 15.

Le profil du couronnement des demi-piles sera un cordon carré et un talon renversé, le carré ayant 0^m 40 centimètres de parement vertical, et 0^m 10 centimètres de revers pour l'écoulement des eaux, le talon comprenant toute la hauteur de l'assise inférieure, qui est de 0^m 45 centimètres.

Profil du couronnement des demi-piles, et assises de coussinet.

Les chaperons qui termineront les avant et arrière-becs seront de forme conique de 0^m 40 centimètres de hauteur, et portés sur un filet de 0^m 15 centimètres.

Au-dessus de l'assise de chaperon seront posées deux assises de coussinet. Chaque assise sera taillée en plan incliné, tendant au centre de la courbe génératrice de chacune des arches, pour recevoir le premier cours de voussoirs. Le dessus des coussinets sera arasé de niveau avec l'extrados de ce premier cours.

ARTICLE 16.

L'arcade pratiquée dans la culée aura 4 mètres 16 centimètres d'ouverture, et 3 mètres 78 centimètres de hauteur sous clef; savoir, un socle de 0^m 55 centimètres de hauteur, 1 mètre 15 centimètres de pied-droit, et 2 mètres 8 centimètres pour la montée de la voûte. Cette voûte sera en plein ceintre, et construite en pierre de taille sur un appareil réduit de 0^m 75 centimètres d'épaisseur.

Arcades pratiquées dans les culées.

ARTICLE 17.

L'appareil des demi-piles, à compter du dessus des retraites jusque sous le couronnement, sera dessiné par des bossages réguliers, ayant 1 mètre 473 millimètres de longueur entre les joints verticaux pour le corps carré.

Bossages.

Les angles saillans et rentrans des culées, les faces apparentes des coussinets, ainsi que les murs de tête d'amont et d'aval, seront également décorés par des bossages qui se prolongeront dans l'intérieur des arcades, de manière à former, sur les extrémités des pieds-droits et sur la douelle, des chaînes d'un mètre 40 centimètres de largeur réduite, et dont les parties auront alternativement 1 mètre 70 centimètres et 1 mètre 10 centimètres de longueur. Ces bossages auront 5 centimètres de profondeur, et seront taillés suivant un plan incliné de 45° sur le lit de chaque assise, de manière à former un triangle isocèle rectangle, dont l'hypothénuse sera d'un décimètre. Le parement vertical sera rustiqué, et les arêtes seront détachées par une ciselure de 0^m 015 millimètres de largeur; le tout conformément aux dessins ci-joints du Pont, et aux profils en grand qui seront donnés par l'Ingénieur en chef lors de la construction.

ARTICLE 18.

Dimension des dés.

La corniche et le parapet du Pont, qui sont détaillés ci-après, article 28, se continueront sur les murs de tête de la culée. Aux quatre angles seront construits des dés carrés de 0^m 80 centimètres d'élévation au-dessus de la corniche, et 2 mètres 30 centimètres de largeur. Ces dés seront composés de deux assises en pierre de taille; celle de recouvrement sera d'un seul bloc.

Murs d'épaulement des culées.

ARTICLE 19.

Tracé et dimensions des murs d'épaulement.

Les murs d'épaulement des culées seront établis perpendiculairement aux axes du Pont, excepté ceux à construire à la pointe de l'île la Croix, lesquels seront tracés suivant un arc de cercle de 51 mètres de rayon, mesuré au-dessus de la seconde retraite. Ils auront une longueur de 8 mètres à partir des éperons circulaires des demi-piles.

Ils seront fondés en même temps que les culées, au même niveau et suivant les mêmes procédés.

Leur hauteur sera de 6 mètres 3 centimètres depuis la plate-forme de fondation jusqu'au-dessus de l'assise de couronnement. Cette hauteur sera divisée en douze assises, savoir, deux assises de retraite de 0^m 54 centimètres de hauteur; huit autres assises de 0^m 50 centimètres, y compris les joints, et les deux assises supérieures, ayant ensemble une hauteur de 0^m 95 centimètres.

ARTICLE 20.

L'épaisseur de ces murs sera de 3 mètres 60 centimètres, mesurée sur la plate-forme. Les deux premières assises seront en retraite de 30 centimètres chacune ; et le parement du côté des terres aura aussi trois retraites de 30 centimètres, ce qui réduira l'épaisseur des murs à 2 mètres 10 centimètres, mesurée au-dessous du couronnement.

ARTICLE 21.

Le parement sera élevé verticalement en pierre de taille sur une épaisseur moyenne de 0^m 82 centimètres. Les angles rentrans et saillans seront décorés par des bossages de mêmes dimensions et profils que ceux des piles.

Epaisseur d'appareil.

CHAPITRE III.

Description des piles.

ARTICLE 22.

Les piles seront fondées sur pilotis recepés à 3 mètres au-dessous de l'étiage, et au moyen de caissons en charpente que l'on fera échouer sur ces pieux.

Dimensions des piles et mode de fondation.

La fondation sera défendue des affouillemens par un premier rang de pieux jointifs, liés entre eux par deux cours de ventrières extérieures, formant une ceinture qui enveloppera tout le système, et contiendra le béton qui doit remplir les intervalles des pilots de fondation.

Les pilots d'enceinte seront aussi contenus dans leur partie inférieure par une seconde ligne d'enceinte de pieux jointifs, qui formeront une crèche remplie en béton, et qui ne s'élevera qu'à 3 mètres au plus au-dessus du fond de la rivière. Le pied de cette crèche sera garni d'enrochemens en gros blocs de pierre.

ARTICLE 23.

La hauteur des piles, mesurée depuis le dessus de la plate-forme du caisson jusqu'au-dessous de l'assise du couronnement, sera de 6 mètres 65 centimètres. Elle sera divisée en treize assises, dont trois assises de retraite de 0ᵐ 55 centimètres de hauteur, et dix de 0ᵐ 50 centimètres, y compris les joints.

L'épaisseur des piles sera de 3 mètres 60 centimètres, mesurée au-dessus des retraites, et de 3 mètres 20 centimètres au-dessous de l'assise de couronnement. Les trois premières assises porteront une retraite de 0ᵐ 25 centimètres chacune, ce qui donnera, pour la première assise de fondation, 5 mètres 10 centimètres de largeur.

ARTICLE 24.

Epaisseur d'appareil. Le parement des piles sera élevé verticalement pour les trois premières assises de retraite, et pour les autres assises suivant un fruit de 4 centimètres pour mètre. Les paremens seront en pierre de taille, sur une épaisseur moyenne d'un mètre 15 centimètres. L'intérieur de chaque assise sera rempli par des libages de la même hauteur, qui est fixée ci-dessus pour la pierre de parement. L'appareil, à compter du dessus des assises de retraite, sera, comme celui des demi-piles, dessiné par des bossages réguliers. Les dimensions de ces bossages, ainsi que celles des assises de couronnement, de chaperon et de coussinet, seront les mêmes que celles désignées dans le chapitre précédent.

CHAPITRE IV.

Description des arches.

ARTICLE 25.

Dimensions des arches. D'après les dimensions qui viennent d'être fixées pour les culées et les piles, les naissances des arches seront établies à 5 mètres 12 centimètres au-dessus de l'étiage. La montée ou flèche de l'arche principale sera de 4 mètres 20 centimètres; sa courbe génératrice sera un arc de cercle de 60° 16′ 27″, de 31 mètres 071 millimètres de rayon, et de 32 mètres 686 millimètres de longueur développée. La voûte sera composée de 61 cours de voussoirs, d'un mètre 45 centimètres de coupe, non compris 0ᵐ 10 centimètres pour les bossages, 0^m 535 millimètres d'épaisseur à l'intrados, et 0^m 562 millimètres à l'extrados, y compris celle des joints montans, qui, après le décintrement, doivent avoir une épaisseur constante de 8 millimètres. La montée des deux autres arches sera de 3 mètres 25 centimètres. Elles seront construites chacune suivant un arc de cercle de 56° 8′ 4″, de 27 mètres 625 millimètres de rayon, et de 27 mètres 69 millimètres de longueur développée. La voûte sera composée de 51 cours de voussoirs, ayant, comme ceux de l'arche du milieu, 1 mètre 45 centimètres de coupe, 0^m 53 centimètres d'épaisseur à l'intrados, et 0^m 558 millimètres à l'extrados. Ces dimensions sont indiquées conformément aux dessins du Pont, et telles qu'elles doivent avoir lieu après le décintrement. On fera mention, dans la seconde section, du surhaussement qu'il faudra donner à chaque arche pour racheter le tassement qu'elles éprouveront au moment du décintrement, d'après les expériences faites au Pont de l'École Militaire. On indiquera également la manière dont la différence de longueur qui existera entre la courbe projetée et celle suivant laquelle on posera les voûtes, sera répartie sur chacun des joints.

ARTICLE 26.

L'appareil des têtes du Pont sera dessiné par des bossages formant l'archivolte. Cet appareil en bossages sera continué sur le parement de douelle, de manière à former des chaînes d'un mètre 87 centimètres de longueur réduite, et dont chaque partie aura alternativement 2 mètres 25 centimètres, et 1 mètre 50 centimètres de longueur.

(marginal note: Archivolte en bossages.)

Les voussoirs seront extradossés, et les joints montans tendront au centre de la courbe génératrice de chaque voûte. Cependant les voussoirs de tête porteront au-dessus de l'archivolte une portion en prolongement de coupe, laquelle se raccordera avec les assises horizontales qui formeront les tympans des arches.

ARTICLE 27.

Ces tympans seront construits en pierre de taille, par assises

4

Tympans des voûtes en pierre de taille.

horizontales et régulières de 0^m 45 centimètres de hauteur. L'assise supérieure sera appareillée par redents qui suivront la pente du pavé du Pont. Cette pente sera de 3 centimètres par mètre, à partir du milieu de l'arche principale.

Les hauteurs des tympans, mesurées dans les plans verticaux passant par les axes des demi-piles, seront de 3 mètres 15 centimètres, et pour ceux au-dessus des piles, de 4 mètres 5 centimètres. Ces derniers seront décorés en leur milieu par une niche demi-circulaire de 3 mètres 30 centimètres de hauteur, et 1 mètre 70 centimètres de largeur.

ARTICLE 28.

Dimensions de l'entablement.

Le couronnement des arches sera établi suivant la pente du pavé du Pont. Il sera composé de trois assises, dont deux pour la corniche, ayant ensemble une hauteur d'un mètre 30 centimètres sur 2 mètres 10 centimètres d'épaisseur réduite, et une pour le parapet, ayant une hauteur de 0^m 80 centimètres, y compris un bombement de 0^m 5 centimètres, et 0^m 60 centimètres d'épaisseur.

Le profil de la corniche se compose d'une première assise portant des modillons en consoles, un larmier couronné par un filet carré et une cimaise.

Chaque membre de la corniche aura les dimensions ci-après :

Hauteur de l'assise portant modillons	0^m 63^c
La saillie sur le nu des tympans	0 63
Hauteur de chaque modillon	0 52
Sa largeur	0 40
Distances comprises entre les modillons	0 61

Cette distance est calculée de manière que les axes des arches et des piles correspondent au milieu d'un modillon.

Saillie du larmier, à compter du nu de l'architrave . .	0 70
Sa hauteur, y compris celle du cavé sous le filet . .	0 25
Saillie de la cimaise, y compris celle du filet inférieur.	0 30
Sa hauteur, y compris celle des deux filets	0 34
Hauteur du revers pour l'écoulement des eaux	0 08

L'assise du parapet sera taillée à plomb sur deux faces. Le dessus sera arrondi suivant un arc de cercle de 0^m 5 centimètres de flèche, et 0^m 92 centimètres de rayon.

ARTICLE 29.

Les reins des voûtes, à partir de l'extrados des voussoirs, seront remplis par une maçonnerie de moellons jusqu'à 0^m 56 centimètres en contrebas du dessus de la chaussée du Pont. Cette maçonnerie sera recouverte d'une chape en ciment, pour empêcher l'infiltration des eaux pluviales à travers les voûtes.

Maçonnerie des reins des voûtes.

ARTICLE 30.

La chape aura une épaisseur de 16 centimètres. La maçonnerie sera disposée pour la recevoir, suivant un bombement de 30 centimètres de flèche sur une largeur de 7 mètres, et deux revers d'un décimètre d'inclinaison et 1 mètre de largeur : la pente longitudinale sera la même que celle du pavé du Pont.

Chape en ciment.

ARTICLE 31.

Les trottoirs, dont la largeur est fixée, à l'article 4, à 2 mètres 40 centimètres, régneront sur toute l'étendue comprise entre les dés placés aux extrémités du pont : ce qui donne pour la longueur de chacun 122 mètres 60 centimètres. Ils seront bordés d'une banquette en granit de Sainte-Honorine, de 0^m 45 centimètres de hauteur d'assise, 0^m 65 centimètres réduite de queue, 2 décimètres de tablette, et 0^m 20 centimètres de refouillement pour loger le pavé, qui sera en grès dur, de 0^m 16 centimètres d'échantillon.

Trottoirs en granit.

La pente en travers des trottoirs vers la chaussée, pour l'écoulement des eaux, sera de 0^m 6 centimètres.

ARTICLE 32.

Il sera posé aux angles des trottoirs, dans la place circulaire, ainsi qu'aux deux entrées du Pont, quatorze bornes en granit. Ces bornes auront 0^m 75 centimètres de hauteur, mesurée depuis le dessus du pavé jusqu'à la pointe du chaperon, 0^m 60 centimètres de diamètre moyen, et 0^m 65 centimètres d'épaisseur de culasse.

Bornes en granit.

CHAPITRE V.

Pavé.

ARTICLE 33.

L'axe de la chaussée du Pont sera établi suivant une pente de
3 centimètres par mètre, à partir du milieu de l'arche principale. Le
point culminant sera à 11 mètres 86 centimètres au-dessus de
l'étiage.

La chaussée proprement dite aura 7 mètres de largeur, et sera
accompagnée de deux revers d'un mètre chacun de largeur, et 0^m 10
centimètres de pente transversale. Le bombément de la chaussée
sera de 0^m 25 centimètres.

Le pavé sera en grès dur, de 0^m 24 centimètres d'échantillon,
posé sur forme de sable.

CHAPITRE VI.

Murs de rampes.

ARTICLE 34.

Les murs de rampes destinés à soutenir les remblais à faire sur le
quai de Paris, en amont et en aval du Pont de Rouen, seront établis
dans le même alignement, et perpendiculairement à l'axe de ce
Pont. Leur longueur totale, mesurée depuis le parement des murs
de tête de la culée, jusques et compris le dé projeté à l'extrémité de
chaque rampe, sera, tant en amont qu'en aval, de 134 mètres
30 centimètres.

ARTICLE 35.

Ces murs seront fondés sur une assise de libages de 0^m 50
centimètres de hauteur, posée sur le sol à 1 mètre 57 centimètres
au-dessus de l'étiage. Ils seront ensuite construits en maçonnerie
de moellons, jusqu'au-dessous du socle, sur une hauteur de 2 mètres

60 centimètres. Le socle sera composé de deux assises en pierre de taille, ayant ensemble o^m 90 centimètres de hauteur. L'appareil de ces assises sera de o^m 80 centimètres d'épaisseur. Au-dessus du socle, et jusque sous le cordon, sera un parement en briques (1), séparé par des chaînes en pierres, espacées de 4 mètres de milieu en milieu. Chacune de ces chaînes sera composée de carreaux et boutisses, ayant ensemble o^m 95 centimètres de longueur réduite, sur o^m 80 centimètres d'épaisseur et o^m 45 centimètres de hauteur pour chaque assise.

La maçonnerie, derrière ce parement, sera faite en moellons, avec mortier de chaux et sable.

ARTICLE 36.

La hauteur totale de chaque mur, mesurée au milieu de la longueur des rampes, à partir du sol sur lequel il sera établi, jusque sous l'assise de cordon, sera de 6 mètres 50 centimètres. Son épaisseur moyenne sera de 2 mètres entre les contre-forts.

Ces contre-forts seront espacés de 4 mètres de milieu en milieu. Ils auront 1 mètre de largeur et une épaisseur moyenne de 3 mètres, à compter du parement du mur, de sorte qu'ils régneront sous toute la largeur du trottoir.

Le cordon sera formé d'une assise en pierre de taille de o^m 40 centimètres de hauteur, qui sera taillée carrément et posée en saillie de o^m 15 centimètres sur le nu du mur.

Parapets des murs de rampes.

ARTICLE 37.

Les parapets auront o^m 60 centimètres d'épaisseur, et seront construits en deux assises de o^m 50 centimètres de hauteur chacune. L'assise de parpaing sera composée de parties en briques et de

---

(1) M. le Directeur général, par décision du 22 mars 1813, a arrêté que le parement en briques seroit remplacé par un parement en moellon, essemillé et échantillonné, posé par assises réglées. Ce moellon proviendra des carrières de Chérence et de Vétheuil.

parties en pierre de taille. Ces dernières correspondront aux chaînes du parement. L'assise de bahus sera en pierre de taille sur toute sa longueur, et arrondie en dessus, suivant un arc de cercle de $0^m 5$ centimètres de flèche.

ARTICLE 38.

A l'extrémité inférieure de chaque parapet, sera placé un dé en pierre de taille de 1 mètre 30 centimètres de longueur, sur 1 mètre de largeur et 1 mètre de hauteur.

ARTICLE 39.

Rampes de communication avec l'île la Croix et le faubourg Saint-Sever.

Les murs de soutenement des rampes de communication avec l'île la Croix, le quai de Saint-Sever et le cours la Reine, seront également construits de la manière qui vient d'être décrite. Mais on n'en donne pas ici les détails, attendu que leur construction est ajournée, et ne fait point partie de l'adjudication des travaux du Pont.

SECTION II.

CONSTRUCTION DES DIFFÉRENS OUVRAGES.

CHAPITRE PREMIER.

Construction d'une culée.

Fouilles des fondations.

ARTICLE 40.

Surface et profondeur des fouilles de fondation.

Les fouilles pour la fondation de chaque culée comprendront celles des demi-piles et des murs d'épaulement dont la surface, mesurée au niveau du grillage, est de 732 mètres, y compris un espace de 1 mètre 50 centimètres réservé au pourtour des pieux de fondation pour la facilité des manœuvres.

Ces fouilles seront approfondies jusqu'à 2 mètres au-dessous de l'étiage.

Les calculs du détail estimatif ont été faits dans la supposition qu'on seroit obligé de donner à la base des talus des fouilles les deux tiers de la hauteur de ces talus, et que l'on pratiqueroit sur cette hauteur une banquette d'un mètre 50 centimètres de largeur.

On a également supposé que la fouille seroit étendue hors des limites de la fondation pour former un puisard de 10 mètres de longueur, approfondi à 2 mètres au-dessous du plan de recepage des pieux.

ARTICLE 41.

Lorsque l'entrepreneur aura régalé de niveau jusqu'à la hauteur des eaux moyennes (un mètre au-dessus de l'étiage) l'emplacement d'une'culée, on fera le tracé des pieux d'encaissement, et du batardeau qui doit être construit au devant, et qui est décrit ci-après, articles 44 et suivans.

ARTICLE 42.

Les terres provenant de la fouille seront transportées; savoir, celles provenant de la culée du côté de la ville en remblais, derrière le nouveau mur de quai construit en face de la porte Grand-Pont à une distance moyenne de 275 mètres; celles provenant des autres culées seront portées à 200 mètres de distance réduite et déposées de manière à former à chaque extrémité du Pont des rampes destinées par la suite à communiquer avec les échafauds qui seront établis ultérieurement sur les cintres, lors de la construction des voûtes.

Transport des terres.

ARTICLE 43.

Le déblai total de l'emplacement des culées précédera le battage des pieux de fondation. Ainsi, lorsqu'on sera parvenu à une profondeur assez considérable pour que les eaux s'introduisent dans les fouilles, on suspendra les travaux de terrassement jusqu'à ce que le batardeau soit achevé et rendu bien étanche; et on les reprendra après avoir établi le nombre de machines nécessaires pour épuiser.

Le déblai précédera le battage des pieux.

Construction des batardeaux.

ARTICLE 44.

Dimensions d'un
batardeau.

Les quatre culées seront fondées par épuisement , et l'emplacement des fouilles sera séparé de la rivière par des batardeaux, de manière à former une enceinte, dans laquelle seront établies les machines à épuiser.

Les quatre batardeaux auront les mêmes dimensions, attendu que, dans l'emplacement de chaque culée, la nature du sol et la profondeur de l'eau au pied de la berge sont à peu près les mêmes.

ARTICLE 45.

Pieux.

Chaque batardeau sera composé de deux files de pieux espacés d'un mètre 50 centimètres sur la longueur, et de 3 mètres sur la largeur. La file extérieure aura, entre les deux pieux extrêmes, une longueur développée de 66 mètres; savoir, deux pans coupés, de 18 mètres chaque, et une partie de 30 mètres à angle droit sur les axes du Pont. La file intérieure sera établie parallèlement à l'autre. Le nombre des pieux composant les deux files sera de 90. Chacun de ces pieux aura; savoir, ceux de la file extérieure 12 mètres 50 centimètres de longueur moyenne, et 35 centimètres d'équarrissage ou 38 centimètres de diamètre, mesurés à leur milieu ; ceux de la file intérieure, 10 mètres de longueur et 32 centimètres de diamètre. Chaque pieu sera taillé en pointe à son extrémité inférieure, et armé d'un sabot en fer, du poids de 12 kilogrammes 5 hectogrammes, compris les clous. Il sera battu avec un mouton de 600 kilogrammes, soit à la sonnette à tiraudes, soit au déclic, jusqu'à ce que sa tête soit à 4 mètres 30 centimètres au-dessus de l'étiage pour la file extérieure, l'expérience ayant fait reconnoître que, parvenu à ce point, il aura pris une fiche suffisante dans le terrain solide.

ARTICLE 46.

Vu la grande longueur de ces pieux au-dessus du terrain, laquelle est de 9 mètres, et afin d'empêcher que la poussée des terres dont le batardeau sera rempli ne les fasse courber en leur milieu, et n'occasionne même leur rupture, comme cela est quelquefois arrivé, on placera, à 2 mètres 5 décimètres en avant de la file extérieure, un second rang de pieux, espacés de 3 mètres de milieu en milieu. Ces pieux, au nombre de trente-huit, auront les mêmes dimensions indiquées à l'article précédent. Ils seront battus avec les premiers, auxquels ils seront liés au moyen de deux moises horizontales de $0^m\,20$ centimètres sur $0^m\,25$ d'équarrissage, boulonnées à ces pieux, et placées, l'une à la hauteur des eaux moyennes à marée basse, et l'autre à 2 mètres 6 décimètres en contre-bas. On posera diagonalement, entre ces deux cours de moises, une écharpe ou arc-boutant, de $0^m\,20$ centimètres de grosseur.

ARTICLE 47.

Avant d'approfondir la fouille de la culée, on aura soin, pour empêcher que la pression des terres du batardeau ne fasse fléchir les pieux de la file intérieure, de les contrebuter au moyen d'étrésillons placés contre la seconde ou la troisième file de pieux de fondation de ladite culée, que l'on battra d'avance à cet effet. — Etrésillons.

ARTICLE 48.

Les têtes des pieux du batardeau seront contenues dans un double cours de moises horizontales de 20 à 25 centimètres, liées par des boulons à écrou, de $0^m\,3$ centimètres de grosseur et de $0^m\,9$ décimètres de longueur, et espacés de trois en trois mètres. Le nombre de ces boulons sera de cinquante. — Doubles moises.

ARTICLE 49.

On placera en outre un cours de ventrières de 20 à 25 centimètres de grosseur, entaillées au droit de chaque pieu de la file extérieure, et qui seront liées avec les doubles moises de la file intérieure par des tirans en fer de 3 mètres 75 centimètres de longueur et $0^m\,5$ centimètres de grosseur, traversant le batardeau, et serrés, à chaque extrémité, par des écrous du poids de 2 kilogrammes 4 hectogrammes. Entre les écrous et le bois, seront placées des — Ventrières.

5

platines en fer de 0^m 15 centimètres de longueur, 0^m 8 centimètres de largeur, et 0^m 1 centimètre d'épaisseur. Le nombre de ces boulons sera de quinze.

ARTICLE 50.

Palplanches.   Contre chaque file de pieux, et dans l'intérieur du batardeau, il sera battu un rang de palplanches jointives, de 12 mètres de longueur réduite, et 0^m 16 centimètres d'épaisseur. La largeur, qui sera moyennement de 0^m 30 centimètres, devra être uniforme dans toute la longueur de chacune des palplanches. Celles-ci seront garnies de lardoires en fer, pesant 6 kilogrammes, y compris les clous.

Elles seront battues par panneaux de 3 mètres de longueur, assemblés au moyen de moises liées ensemble par deux boulons, pour le passage desquels on formera des entailles dans les palplanches extrêmes. Ces entailles auront 0^m 40 centimètres de longueur, ce qui permettra d'enfoncer successivement chaque palplanche de cette quantité. Il y aura deux cours de ces moises : le premier sera posé à 0^m 6 décimètres en contre-bas des têtes de palplanches. Le second sera établi de sorte que, les palplanches étant battues, il se trouve un peu au-dessus du fond de la rivière.

Les palplanches seront en outre maintenues et guidées par des ventrières boulonnées sur les pieux, à la hauteur des plus basses eaux, au moment du battage.

On battra ces palplanches au moyen d'une sonnette à tiraude, avec un mouton de 5 à 600 kilogrammes; et on les enfoncera, s'il est possible, jusqu'au même point que les pieux. Cependant, quand elles seront parvenues à 2 mètres de profondeur au-dessous de la fouille de la culée, pour la file intérieure, et à 2 mètres 50 centimètres de fiche dans le terrain solide, pour la file extérieure, on cessera le battage de chaque panneau, dès qu'on se sera assuré que l'enfoncement de chacune des palplanches qui le composent sera moindre de 0^m 25 millimètres par volée de 30 coups, le mouton étant élevé d'un mètre 30 centimètres au-dessus de la tête du faux pieu.

ARTICLE 51.

On placera, après le battage, entre les deux rangs de moises de chaque panneau, deux cours de ventrières de 20 à 25 centimètres de grosseur, égale à la distance comprise entre les palplanches et les pieux. On enfoncera sous l'eau ces ventrières en les frappant avec une masse en fer.

ARTICLE 52.

Lorsque la charpente du batardeau sera achevée, on draguera les terres, sables et vases jusqu'au terrain solide, pour que la terre franche dont il devra être rempli soit assise sur un bon fonds, non sujet aux infiltrations. On a estimé, d'après les sondes, que le cube des terres à enlever dans l'intérieur de chaque batardeau, seroit de 195 mètres cubes. Au surplus, on aura soin de ne pas pousser le draguage à une profondeur telle que les palplanches soient déchaussées. Celles qui ne conserveroient plus assez de fiche, après le draguage, seront rebattues. *Draguage des terres.*

On emploiera à l'opération du draguage la cure molle construite pour le curage du port; et dans le cas où sa manœuvre exigeroit le déplacement de quelques-unes des pièces, on les démonteroit pour les replacer après le draguage.

ARTICLE 53.

Le batardeau sera rempli jusqu'à l'affleurement des moises de la file extérieure, avec de la terre franche, pure et non mêlée de pierrailles et de gravier. Cette terre sera déposée par couches d'environ 0ᵐ2 décimètres d'épaisseur, et pilonée avec soin. La partie supérieure sera disposée suivant un talus de 45 degrés, incliné vers la fouille de la culée, conformément au profil joint au présent devis. *Remplissage en terre franche.*

ARTICLE 54.

La terre franche pour le remplissage sera extraite à la pointe de l'île la Croix, ou sur la berge en amont du cours la Reine et située à 2000 mètres de distance. Elle sera amenée par bateaux jusqu'au pied du batardeau. L'entrepreneur aura soin de régaler les terres et dresser les talus de la berge, et traitera de gré à gré avec les propriétaires riverains, pour payer les indemnités, s'il y a lieu.

Epuisemens.

ARTICLE 55.

Puisard.

Lorsque les travaux de terrassement de la culée seront arrivés à une profondeur telle qu'il n'y aura plus que 4 à 5 décimètres à baisser pour que l'eau de la rivière entre dans la fouille, on creusera sur le côté de l'emplacement de la culée, et à 1 mètre en avant de l'alignement de la dernière file de pieux, un puisard, pour y placer les machines.

Ce puisard aura 5 mètres de largeur réduite, sur 10 mètres au moins de longueur; et les talus des terres auront, comme ceux de fouille de la culée, deux de base sur trois de hauteur. Il sera approfondi jusqu'à 1 mètre environ au-dessus de la ligne fixée à l'article 63, pour le recepage des pilots de fondation. Cet approfondissement se fera le plus bas qu'il sera possible à la pioche, en laissant dans le fond une pente suffisante pour faire écouler les eaux à une des extrémités, où l'on placera une vis d'Archimède, destinée à mettre le puisard à sec. Lorsque la quantité d'eau produite par les filtrations deviendra telle que le produit de la vis d'Archimède ne suffira plus à l'épuiser, on achèvera l'approfondissement du puisard, soit avec la drague à hotte, soit avec des dragues à main, jusqu'à la profondeur fixée ci-dessus.

ARTICLE 56.

Dans le cas où le terrain n'auroit pas assez de consistance pour se soutenir avec le talus de deux de base pour trois de hauteur, on contiendra les terres au moyen de palplanches inclinées suivant la pente des talus, et contrebutées par des étrésillons, au-dessus desquels on placera des tasseaux, pour les empêcher de remonter. Les dimensions des palplanches, étrésillons et tasseaux, seront déterminées au moment de l'exécution, suivant la nature des terres et la pression qu'elles exerceront.

ARTICLE 57.

Pour ne pas obliger d'élever l'eau par-dessus le batardeau, lorsque la hauteur de la rivière ne l'exigera pas, il sera placé dans l'épaisseur du batardeau une buse bien calfatée et goudronnée, qui aura 4 mètres de longueur sur 0^m5 décimètres de hauteur et 0^m75 centimètres de largeur. Elle sera composée de planches de chêne de 0^m55 millimètres d'épaisseur, bien jointes, et entretenues à chaque bout et au milieu par un bâtis en charpente. Celui du côté extérieur du batardeau sera garni d'une vanne qu'on ouvrira ou fermera suivant la hauteur de la rivière.

Buse pratiquée dans l'épaisseur du batardeau.

ARTICLE 58.

Les machines dont on fera usage pour les épuisemens des culées, sont la vis d'Archimede, les chapelets verticaux ou inclinés, la chaîne à godets perfectionnée par le sieur Gateau. Le nombre de ces machines sera déterminé d'après les besoins du service. L'entrepreneur sera chargé de la fourniture et de l'entretien desdites machines. Il emploiera de préférence celles des trois espèces indiquées ci-dessus qu'il jugera les plus convenables, et aura soin d'en approvisionner d'avance une quantité suffisante, pour que le service ne soit pas interrompu.

Machines pour les épuisemens.

Pilotage des culées.

ARTICLE 59.

Le nombre des pieux à battre dans l'emplacement de chaque culée, sera de 422; savoir,

106 pieux jointifs, pour l'encaissement de la culée et des deux murs d'épaulement, sur une longueur développée de 37 mètres 80 centimètres;

30 pieux de fondation sous la demi-pile;

Nombre et dimensions des pieux.

244 sous le massif de la culée, y compris les arrachemens des murs de rampe,

42 sous les deux murs d'épaulement.

Chacun des pieux jointifs aura 11 mètres de longueur sur 33 à 35 centimètres d'équarrissage. Les autres pilots de fondation auront aussi 11 mètres de longueur réduite, et 0m 35 centimètres de diamètre moyen. Tous ces pieux seront armés d'un sabot, du poids de 12 kilogrammes 5 hectogrammes, y compris les clous, et leur tête sera garnie, pendant le battage, d'une frette en fer, du poids de 10 kilogrammes.

ARTICLE 60.

Battage des pieux.

Dès que la fouille de la culée sera achevée, on s'occupera du battage des pilots, en commençant par ceux jointifs. A cet effet, on tracera sur les moises et entretoises du batardeau l'alignement de l'axe du Pont, et une ligne perpendiculaire, sur laquelle on mesurera, à partir du point d'intersection, une longueur de 9 mètres 75 centimètres en amont, et la même en aval. La somme de ces longueurs égale la distance qui doit avoir lieu entre les deux files extrêmes des pieux du massif de la culée.

Au moyen de cette ligne d'emprunt, tracée sur le batardeau, il sera facile de mettre en fiche la première file de pieux, qui doit être établie à 0m 6 décimètres de distance en avant du parement de la demi-pile, et parallèlement à ce parement.

L'alignement de ceux à battre au-devant des murs d'épaulement est à 1 mètre 80 centimètres de distance de ceux qui forment l'encaissement de la demi-pile. Ces deux files seront réunies par des pans coupés, de 3 mètres 30 centimètres de longueur.

Les pieux de fondation seront battus suivant des files bien parallèles. Chaque file sera distante de 1 mètre 30 centimètres, mesurée d'axe en axe, sur la largeur de la culée, et de 1 mètre 30 centimètres sur son épaisseur.

(39)

ARTICLE 61.

Tous ces pieux seront d'abord battus avec une sonnette à tiraudes, armée d'un mouton de 600 kilogrammes, mue par un enrimeur, un renard et trente-sept manœuvres, et seront ensuite mis au refus avec une sonnette à déclic, armée d'un mouton de 750 kilogrammes, manœuvré par un équipage de sept manœuvres, un renard et un enrimeur.

On ne cessera le battage que lorsqu'on aura obtenu un refus de 5 millimètres par volée, pendant cinq volées consécutives de dix coups chacune, le mouton étant levé de 4 mètres au-dessus de la tête du faux pieu.

Les pieux jointifs seront battus comme les palplanches, entre des moises fixées par des boulons sur les premiers de ces pieux, battus à cet effet à 2 mètres 50 centimètres environ de distance, mesurée de milieu en milieu.

ARTICLE 62.

Les sonnettes pour le battage des culées seront établies sur un échafaud fixe, construit sur des pieux, et non autrement. Sur cet échafaud seront placés des madriers en chêne, solidement fixés, sur lesquels sera tracé, avant le commencement du battage, l'alignement de chaque file de pieux.

Grillage et plate-forme des culées.

ARTICLE 63.

Les pieux jointifs d'encaissement seront recepés à 1 mètre 51 centimètres, et ceux de fondation, à 1 mètre 43 centimètres seulement au-dessous de l'étiage. Les premiers devant être coiffés par un chapeau de 0^m 33 centimètres de hauteur, on observera de laisser, de trois en trois, excéder, au-dessus de la ligne de recepage, une épaisseur de bois de 0^m 1 décimètre de hauteur, destinée à former le tenon pour l'assemblage de ce chapeau ou pièce de rive. Ce tenon aura 0^m 20 centimètres de longueur, et 0^m 8 centimètres de largeur.

Echafaud pour le battage.

Recepage des pieux.

De semblables tenons seront faits aux pieux de fondation, de deux en deux, pour recevoir l'assemblage des racinaux.

ARTICLE 64.

Chapeaux.

Les chapeaux auront 33 sur 35 centimètres d'équarrissage, et seront fixés sur les pieux intermédiaires, qui n'auront pas de tenons, par des broches ou chevilles en fer, du poids de 8 hectogrammes.

Ils porteront dans leur face supérieure, au droit de chaque file de pilots, une entaille à queue d'aronde, pour l'assemblage des racinaux. La queue d'aronde aura 0^m 15 centimètres de longueur, 0^m 10 centimètres de profondeur, et 0^m 25 centimètres de largeur à l'extrémité, réduite à 0^m 18 centimètres au collet. On pratiquera en outre, dans la face intérieure des chapeaux, des entailles rectangulaires de 0^m 5 centimètres de profondeur, dont la largeur et la hauteur seront égales aux dimensions correspondantes des racinaux qu'ils devront recevoir.

Les pièces qui composeront un cours de chapeau auront au moins 5 à 6 mètres de longueur; elles seront assemblées entre elles par des doubles queues d'aronde. Chaque assemblage sera fait de manière que la queue d'aronde inférieure soit placée à côté d'un pieu. L'assemblage sera maintenu latéralement, au moyen d'une plate-bande en fer, de 1 mètre de longueur, 0^m 8 centimètres de largeur, et 0^m 11 millimètres d'épaisseur, fixée par quatre clous, et par deux boulons de 0^m 2 centimètres de diamètre.

ARTICLE 65.

Racinaux.

Les racinaux auront 0^m 35 centimètres de largeur et 0^m 25 centimètres d'épaisseur seulement. Leur face supérieure affleurera celle des chapeaux; celle inférieure sera parfaitement dressée, afin de porter exactement sur la tête des pieux. Ces pièces seront présentées le long des files de pieux, pour tracer et tailler les mortaises.

Dans le cas où, pendant le battage, des pieux auroient été dérangés de leur direction, on rachetera la différence d'alignement en prenant les racinaux qui porteront sur ces pieux, dans des bois légèrement courbes.

ARTICLE 66.

Après la pose des racinaux, on remplira les intervalles entre les pieux, ainsi que les cases du grillage, sous la demi-pile, par une maçonnerie de moellon et pouzzolanne artificielle; et sous le reste de la culée, par des moellons posés à sec, affermis à la hie, et recouverts seulement d'une arase de même mortier.

Maçonnerie entre les racinaux.

ARTICLE 67.

On posera ensuite les madriers de la plate-forme en mettant en-dessous la face qui sera la mieux dressée, afin qu'ils reposent en plein sur les racinaux, à chacun desquels ils seront fixés par deux chevillettes du poids de 25 décagrammes.

Plate-forme.

L'épaisseur de ces madriers sera de 0^m 1 décimètre, et leur longueur ne sera pas moindre de 3 mètres 90 centimètres, de manière à porter sur trois racinaux au moins. Ils seront placés d'équerre sur la direction des racinaux; leurs joints seront coupés carrément et alternatifs, et répondront exactement à la ligne de milieu du racinal sur lequel ils aboutiront.

Le dessus des madriers sera dressé sur place, à l'herminette, dans l'emplacement des pierres de parement.

Maçonnerie d'une culée.

ARTICLE 68.

On tracera sur la plate-forme la première assise de la culée et de la demi-pile, dont le parement doit correspondre à 0^m 6 décimètres de distance du milieu des pieux de rive.

Première assise de fondation avec retraite de 30 c.

L'épaisseur moyenne d'appareil de cette assise sera d'un mètre 50 centimètres. La partie correspondante aux avant et arrière-becs de la demi-pile sera tracée en quart de cercle de 2 mètres 40 centimètres de rayon.

6

L'assise aura o^m 54 centimètres de hauteur. Elle portera une retraite de o^m 3 décimètres du côté de la rivière.

La même assise se continuera dans les murs d'épaulement, sur une longueur de 8 mètres 14 centimètres, tant en amont qu'en aval, à partir de l'éperon circulaire de la demi-pile.

ARTICLE 69.

Le reste de cette assise, sur toute la largeur de la culée, sera construit en libages de pierre de Caumont, dont le dessus affleurera la pierre de taille de parement.

ARTICLE 70.

Seconde assise de retraite.

La seconde assise aura de même o^m 54 centimètres de hauteur, et seulement 1 mètre 3 décimètres d'épaisseur d'appareil. Derrière la pierre de parement seront posés des libages de pierre de Caumont, sur une largeur de 4 mètres.

Le reste de la maçonnerie sera fait en moellons, avec mortier de chaux et de sable. On aura soin de réserver les plus gros moellons et les plus forts quartiers provenant des démolitions des murs du quai, pour former la première arase sur la plate-forme, ainsi que pour être placés immédiatement derrière les pierres de taille, ou dans les paremens de maçonnerie du côté des terres.

Ces paremens seront élevés à plomb, suivant les dimensions indiquées ci-dessus, article 68.

ARTICLE 71.

Assises au-dessus des retraites avec fruit de 4 cent^t.

La seconde assise sera posée en retraite sur la première, de o^m 30 centimètres. Une semblable retraite aura lieu sur cette seconde assise, et ensuite on continuera d'élever successivement les assises des culées, demi-piles et murs d'épaulement, jusques et compris la cinquième assise au-dessus des retraites, en observant un fruit de 4 décimètres par mètre.

ARTICLE 72.

Quand on sera parvenu à cette hauteur, on cessera la maçonnerie en moellons derrière les murs; et l'on placera des libages en pierre de Caumont sur toute l'épaisseur de la culée, jusques et compris le socle des arcades. Afin de lier toutes les parties de la culée entre elles, et éviter qu'il puisse y avoir glissement de l'une sur l'autre, on ne posera pas ces libages par assises horizontales; mais ils seront placés de manière à jeter des harpes verticales d'une assise à l'autre : celles de la première seront engagées sur une hauteur de 0m 60 centimètres dans le massif en moellon.

Ceux de ces libages qui seront sous le vide de l'arcade pratiquée dans les culées, seront appareillés et posés en coupe, suivant un arc de cercle renversé, de 0m 22 centimètres de flèche et 9 mètres de rayon. Chaque claveau aura 0m 47 centimètres d'épaisseur mesurée à la douelle.

Les trois dernières assises de libages seront, à 1 mètre 6 décimètres de distance du parement de la demi-pile, taillées en plan incliné, pour recevoir les quatre premiers cours de voussoirs, qui seront masqués par les assises de couronnement de la demi-pile et par celle du coussinet.

Ce prolongement des voûtes dans le massif des culées est fait pour reporter la poussée dans la partie inférieure de ce massif, et au-dessous du vide des arcades.

ARTICLE 73.

Ces arcades seront construites suivant les dimensions principales indiquées ci-dessus à l'article 16. Ces dimensions sont celles qui doivent avoir lieu après le décintrement; mais on aura soin de tracer l'épure avec un surhaussement de 25 millimètres, pour racheter le tassement que la voûte éprouvera au moment du décintrement.

Arcades construites dans les culées.

Les naissances des voûtes seront établies à 6 mètres 7 décimètres au-dessous de l'étiage. Chaque voûte sera composée de dix-sept cours de voussoirs, de 367 millimètres de largeur à la douelle.

Les voussoirs de tête des trois premiers rangs, à partir des naissances, porteront des crossettes qui se lieront avec les assises horizontales du parement des murs de tête jusques et compris la sixième au-dessus du socle. Les autres voussoirs de tête se raccorderont sans crossette, et par un joint vertical, avec les assises placées au-dessus de la sixième. Enfin, les coupes de la clef et des deux contre-clefs seront prolongées jusqu'au-dessous de l'assise de couronnement.

On n'achevera pas la taille de l'extrémité supérieure des voussoirs, afin de pouvoir faire sur le tas les dérasemens et raccordemens nécessaires après le décintrement, et lorsqu'il n'y aura plus de tassement à craindre. Par la même raison, on ne fera qu'ébaucher sur les chantiers les bossages des têtes.

ARTICLE 74.

Le massif compris entre le parement de la culée et celui des arcades sera fait en libages; tout le reste de la maçonnerie intérieure de cette culée, jusqu'au-dessous de l'assise de couronnement, sera en moellons, avec mortier de chaux et sable.

ARTICLE 75.

Chape en ciment étendue sur la culée.

Le dessus de la culée sera établi suivant une ligne de pente parallèle à celle du pavé du Pont, et correspondra avec le dessous de la chape en ciment qui s'étendra sur toute la culée.

ARTICLE 76.

Crampons en fer liant les assises de coussinet.

Les trois assises de coussinet, les pierres des avant et arrière-becs du couronnement des piles, celle de l'assise placée immédiatement au-dessous de la dernière en libages, seront liées par des crampons en fer carré, de 25 millimètres de grosseur, de 6 décimètres de longueur, recourbés à leurs extrémités, encastrés exactement dans le lit supérieur de chaque pierre, et scellés en mortier de ciment.

ARTICLE 77.

Pose des pierres.

Toutes les assises de la culée, des demi-piles et des murs de tête, seront faites par carreaux et boutisses ayant au moins o^m 35 centimètres de liaison. Chaque assise des avant et arrière-becs de la demi-pile portera des harpes de o^m 85 centimètres de longueur pour les carreaux, et 1 mètre 45 centimètres pour les boutisses alternative-ment en liaison dans les murs d'épaulement. Les pierres seront évi-dées de manière qu'aucun joint ne se trouve placé dans l'angle. On aura soin également de laisser à l'extrémité des murs de tête des harpes de 0^m 50 centimètres de longueur réduite; savoir, 0^m 40 cen-timètres de longueur pour les boutisses, et 0^m 60 centimètres pour les carreaux, afin de pouvoir lier par la suite le parement des culées avec celui des murs de rampe.

La hauteur des assises indiquées ci-dessus à l'article 14 sera véri-fiée au moment de l'exécution, et déterminée d'une manière pré-cise par les épures cotées, qui seront remises à l'entrepreneur par l'ingénieur en chef.

Tous les joints de lit, tant des assises courantes que des voussoirs des arcades, auront 6 millimètres de hauteur, et les joints mon-tant 2 millimètres de largeur au plus.

ARTICLE 78.

Les pierres seront posées sur bain de mortier, affermies ensuite avec un maillet à deux queues, de manière à faire refluer le mortier jusqu'à ce que le joint soit réduit à l'épaisseur fixée. Le mortier que l'on emploiera, jusques et compris la septième assise, à compter du des-sus de la plate-forme, sera fait en chaux et pouzzolanne factice, dans les proportions indiquées à l'art. 192. Les assises supérieures seront posées sur mortier blanc, composé de chaux et sable graveleux, tel qu'il est indiqué dans le même article 192. Les joints montans seront coulés en mortier de même espèce.

Cintre des arcades.

ARTICLE 79.

Les cintres des arcades seront composés de neuf fermes, espacées de 2 mètres de milieu en milieu. Il y aura dans chaque ferme un entrait de 4 mètres de longueur, et de 25 sur 30 centimètres d'équar-rissage, posé de champ, un poinçon de 2 mètres 10 centimètres

Système et pose des cintres des ar-cades.

de longueur, et deux arbalétriers de 2 mètres 25 centimètres de longueur chacun. Ces pièces auront toutes 25 à 30 centimètres d'équarrissage moyen.

ARTICLE 80.

Les arbalétriers seront assemblés par embrèvement, tenons et mortaises, avec le poinçon et l'entrait, à 0^m 25 centimètres de l'extrémité de ces pièces. Des vaux de 0^m 25 centimètres de grosseur, et taillés suivant un arc concentrique à celui des douelles, seront assemblés dans l'extrémité du poinçon, dans les arbalétriers et dans les potelets portant sur le milieu de ces arbalétriers. On laissera un intervalle de 0^m 3 décimètres entre le dessus des vaux et la douelle.

ARTICLE 81.

Pose des voussoirs.

Les deux premiers rangs de voussoirs de chaque côté seront posés sans couchis. Chacun des autres rangs sera posé sur un cours de couchis de 18 mètres 20 centimètres de longueur, et de 20 sur 20 centimètres d'équarrissage, qui portera immédiatement sur les vaux, de manière qu'il restera un intervalle de 0^m 1 décimètre pour la cale du poseur.

ARTICLE 82.

Encorbellemens pour porter la charpente des cintres.

Les fermes seront portées par des encorbellemens de 0^m 3 décimètres de saillie, et 0^m 4 décimètres de longueur, faisant partie de l'assise immédiatement au-dessous des naissances. Ces fermes seront liées entre elles par deux cours de liernes horizontales de 20 sur 20 centimètres d'équarrissage, posés sur les arbalétriers, et boulonnés avec eux.

CHAPITRE II.

Construction d'une pile.

Pont de service.

ARTICLE 83.

On construira, pour la fondation des deux piles, un Pont de ser- Palée du Pont
vice porté sur des pieux, et qui sera disposé de manière à servir de service.
au levage des cintres des arches, et même en partie à la pose des
voûtes.

Ce pont de service sera composé de vingt et une palées, for-
mées chacune de dix pilots de 14 mètres de longueur sur 40 centimètres de diamètre moyen. La distance d'une palée à l'autre,
mesurée d'axe en axe, sera de 3 mètres 34 centimètres pour les
palées des petites arches, et de 4 mètres 1⁷⁄... centimètres pour les
palées de la grande arche, excepté de la cinquième à la sixième, et
de la douzième à la treizième, entre lesquelles il sera réservé un espace libre de 8 mètres 80 centimètres pour l'emplacement des deux
piles à fonder.

Les pieux seront coiffés d'un chapeau assemblé à tenon et mortaise sur chacun d'eux, et dont le dessus sera à 2 mètres 50 centimètres plus haut que l'étiage. La longueur de chacun de ces chapeaux sera de 25 mètres 5 décimètres, mesurée d'axe en axe des
deux pieux extrêmes. Il aura 32 centimètres sur 35 d'équarrissage,
et sera fixé sur les pieux par des étriers en fer du poids de 22 kilogrammes, y compris sept chevillettes.

ARTICLE 84.

Chaque palée sera terminée, en amont et en aval, par un brise- Brise-glaces et
glace, formé de deux pieux et d'un chapeau incliné, suivant un moises.
angle de 30 degrés, et de même dimension que le premier, dans lequel il sera assemblé par une entaille en trait de Jupiter. L'assemblage sera maintenu par une plate-bande en fer recourbée, de 2

2 mètres de longueur, 0,015 millimètres d'épaisseur, et 0,065 millimètres de largeur, pesant 15 kilogrammes, y compris 5 chevillettes. Les arêtes seront abattues en chanfrein, afin d'opposer moins de résistance au choc des glaces.

On posera à fleur d'eau, au moment des plus basses eaux, un double cours de moises horizontales, embrassant les quatre premiers pieux de chaque file, tant en amont qu'en aval. Les deux moises seront réunies par des boulons à écrou, du poids de 8 kilogrammes. Le nombre de ces boulons, pour chaque palée, sera de cent soixante-huit.

L'extrémité de ces moises sera arrondie, suivant le contour du chapeau incliné, afin de ne pas laisser de partie saillante en prise aux glaces; et elle sera garnie d'un étrier en fer de 2 kilogrammes 7 hectogrammes de longueur développée, et de même grosseur que les fers indiqués, article 64, pour les plates-bandes des chapeaux. Le poids de cet étrier sera de 22 kilogrammes, y compris dix chevillettes.

Il sera placé diagonalement entre ce cours de moises et le chapeau, deux écharpes destinées à contrebuter les pieux du brise-glace. Ces pièces auront 5 mètres 6 décimètres de longueur ensemble, et seront prises dans les bois de 20 à 25 centimètres d'équarrissage. Elles seront embrevées dans les pieux, et posées sur des tasseaux ou chantignoles fixés par quatre chevillettes, du poids d'un kilogramme 2 hectogrammes.

ARTICLE 85.

Pont de service autour de l'arrière-bec de chaque pile.

Ce Pont de service contournera les arrière-becs des piles, ce qui emploiera seize pilots au-delà du nombre fixé ci-dessus. Ces pilots seront également coiffés par des chapeaux et des moises de mêmes dimensions que pour les palées. La longueur développée des deux arrière-becs sera pour les deux piles, de 104 mètres, à partir du dernier pieu en aval de chacune des palées.

ARTICLE 86.

Sur les chapeaux du Pont de service, seront posés dix-sept cours de poutrelles sans aucun assemblage. Elles seront seulement fixées par des chevilles en fer du poids de 7 hectogrammes. Le nombre de ces chevilles sera de quatre cent trente-quatre. — Plancher.

Ces poutrelles seront recouvertes par des bordages ou plats-bords en sapin, provenant de démolition de navires, ou par des dosses en chêne, produites par le débitage des bois dans le chantier. Ces plats-bords seront chevillés sur les poutrelles pour consolider l'échafaud, ou l'empêcher d'être soulevé par les marées.

ARTICLE 87.

A mesure qu'une partie de ce Pont de service deviendra inutile pour la construction du Pont à établir sur le bras droit de la rivière, qui sera fondé le premier, elle sera démontée avec soin, et les bois seront rentrés dans le chantier pour servir à la construction de celui sur le bras gauche. — Emploi des mêmes bois à la construction des deux ponts de service.

Battage des pieux de fondation et draguage.

ARTICLE 88.

Le nombre de pieux à battre dans l'emplacement de chaque pile sera de 468; savoir, — Nombre et dimensions des pieux.

164 pour la première enceinte de pieux jointifs;

190 pour la seconde enceinte;

114 pieux de fondation.

Les pieux jointifs seront pris dans des bois de 33 à 35 centimètres d'équarrissage. Leur longueur moyenne sera de 13 mètres pour la première enceinte, et de 10 mètres pour la seconde.

Les pieux de fondation, ainsi que les douze principaux pieux d'enceinte, dont il sera question ci-après, article 89, auront 15 mètres de longueur et 40 centimètres de diamètre moyen.

7

Tous ces pieux seront armés de sabots pareils à ceux des pieux de culées, et leur tête sera garnie d'une frette pour empêcher les bois d'éclater.

ARTICLE 89.

Ordre à suivre dans le battage. Le battage des pieux d'une pile commencera par ceux d'encaissement. Pour cela, on établira sur les parties du Pont de service qui entourent l'emplacement de la pile, plusieurs sonnettes à déclic, armées d'un mouton du poids de 750 kilogrammes. Après qu'on aura, au moyen de repères tracés sur les chapeaux du Pont de service, déterminé d'une manière précise la direction et la distance des deux files de pieux jointifs, on les mettra successivement en fiche dans l'ordre suivant ; savoir, le pieu du milieu de chaque file, les pieux extrêmes, deux autres intermédiaires, et les deux d'avant-bec et d'arrière-bec. Ces douze pieux principaux seront pris parmi les plus beaux et les plus droits qui seront dans le chantier.

ARTICLE 90.

Pose des ventrières. Après que ces pieux, à l'exception des quatre placés aux angles, auront été battus, bien alignés, et qu'ils auront pris 2 mètres 5 décimètres environ de fiche dans le terrain solide, on disposera un des deux cours de ventrières de 25 sur 30 centimètres d'équarrissage, arrondies et ferrées à leurs extrémités. Elles seront réunies par des boulons à clavettes de 0^m 6 centimètres de grosseur, qui les traverseront et qui porteront un anneau correspondant au droit de chacun de ces douze pieux, et dans lesquels le pieu sera enfilé. Chaque boulon et son anneau seront du poids de 45 kilogrammes 5 hectogrammes. Les deux étriers en fer, posés aux extrémités de chaque ventrière, peseront 11 kilogrammes ensemble.

On descendra ce premier cours en le chargeant et en appuyant dessus avec des poteaux de pression, jusqu'à ce qu'il soit rendu sur des tasseaux que l'on aura placés d'avance sur les quatre pieux d'angle, auxquels ce système de ceinture sera fixé. Ensuite, en

battant à la fois et avec quatre sonnettes, on fera descendre successivement tout le système, jusqu'à ce qu'il repose sur des tasseaux placés également d'avance sur chacun des autres pieux, de
manière à ce qu'ils se trouvent, après l'enfoncement total des
pieux, à 5 mètres 6 décimètres au moins sous l'étiage pour le
cours inférieur, et à deux mètres 6 décimètres pour le second
cours, qui sera placé et enfoncé par le même procédé.

Quand cette double ceinture de ventrières sera posée, on continuera le battage, que l'on ne cessera que lorsque l'enfoncement ne
sera plus que de huit millimètres sous deux volées consécutives de
dix coups.

ARTICLE 91.

La longueur de ces douze pieux doit être telle, qu'on puisse les
battre au refus sans être obligé d'employer de faux pieux, et qu'après
leur enfoncement total, leur tête soit au niveau du dessus des
chapeaux du Pont de service. Si la longueur indiquée ci-dessus à
l'article 88 n'est pas suffisante, on pourra les enter, pourvu que
l'enture se trouve après le battage, au-dessus de la ligne de recepage. Cette enture sera faite à joint plat. La partie entée portera en son milieu un goujon en fer, qui entrera de trois décimètres dans le pieu; et elle sera fixée par une armature composée
de trois barres de fer de 0^m 3 centimètres, encastrées dans des
rainures pratiquées dans le bois, et retenues par deux frettes en-
foncées avec force et chevillées.

Battage des pieux de la première enceinte.

ARTICLE 92.

On placera deux cours de doubles moises, l'un à la tête des
pieux, l'autre au niveau des plus basses eaux d'alors. Ces deux
cours et le système de ventrières serviront à guider le battage de
tous les autres pieux jointifs, qui seront arrêtés au même refus
que les douze premiers. Ces pilots intermédiaires pourront être
rendus de suite, au moyen d'un faux pieu, jusqu'au niveau fixé
ci-après pour le recepage, ou peu au-dessus. On aura même soin

d'en enfoncer deux contigus jusqu'à deux centimètres environ, plus bas que le plan du recepage, afin de former une ouverture par laquelle on puisse introduire la scie lorsqu'il s'agira de faire le recepage général de l'encaissement. Il conviendra d'avoir un nombre de faux pieux égal à celui des pilots compris entre deux pieux de guide, afin que ces faux pieux, restant sur les pilots, servent à constater la régularité et la précision du battage.

ARTICLE 93.

Draguage des terres.

L'enceinte comprise entre les pieux jointifs, qui sera de 266 mètres 42 centimètres superficiels, sera draguée jusqu'au terrain solide, qu'on estime, d'après les sondes, être à 1 mètre 3 décimètres de hauteur moyenne en contre-bas du fond de la rivière dans l'emplacement des piles. On emploiera à cette opération la cure molle qui aura servi au draguage du batardeau.

La terre provenant de ce curage sera rejetée dans la rivière en aval du Pont de service.

ARTICLE 94.

Battage des pieux de la seconde enceinte.

Les pieux jointifs de la seconde ligne d'enceinte, formant une crèche autour de chaque pile, seront battus par les mêmes procédés que ceux de la première ligne. Ils seront retenus par un cours de ventrières semblable à celui décrit ci-dessus, article 90. La largeur de cette crèche sera d'un mètre 6 décimètres. L'intérieur sera dragué à 1 mètre 30 centimètres de profondeur et rempli en maçonnerie de béton comme l'intérieur de la pile.

ARTICLE 95.

Battage des pieux de fondation.

Dès que le draguage sera terminé, on commencera à battre les pilots de fondation. Ces pilots formeront six files, espacées d'un mètre 6 centimètres d'axe en axe, mesurés dans le sens de la largeur de la pile, et d'un mètre 6 centimètres dans le sens de la longueur pour dix-sept rangs compris sous le corps carré de

ladite pile, et 1 mètre pour les quatre rangs compris sous les avant
et arrière-becs.

ARTICLE 96.

Dans le plan qui sera fait pour le pilotage, et qui sera remis
à l'entrepreneur, les pieux seront numérotés; et il aura soin de
marquer chaque pieu, avant de le mettre en fiche, du numéro qui
sera indiqué sur ce plan.

ARTICLE 97.

Le battage de ces pilots sera fait avec les mêmes sonnettes qui   Refus.
auront servi à celui des pieux jointifs, et qui seront établies sur
un échafaud mobile, composé de fortes poutrelles en sapin, portant sur le Pont de service qui entoure l'emplacement de la pile.

Le milieu de chaque rang de pieux sera repéré sur les deux
chapeaux du Pont de service, et l'on fixera sur ces chapeaux des
moises horizontales, placées en travers de la pile, et destinées à guider
l'enfoncement du pilot.

Il ne sera point employé de faux pieux pour le battage de ces
pilots. Ils seront entés de la même manière qui est indiquée ci-
dessus pour les pieux d'encaissement; et la longueur de la partie
entée sera telle qu'elle puisse se trouver, après le battage des
pilots, au-dessus du plan du recepage.

Comme ces entures serviront aux quatre piles, il n'en résultera que très-peu de dépense; et le battage sera beaucoup plus
sûr, le recepage et le remplissage en béton plus faciles, que si
l'on employoit de faux pieux, qui, étant retirés après que le pieu
est battu, laisseroient sa tête perdue à plus de deux mètres sous la
surface de l'eau.

Les pieux de fondation des piles seront arrêtés au même refus, fixé
à l'article 61, pour les pilots de fondation des culées.

Maçonnerie de béton entre les pieux.

ARTICLE 98.

Le battage fini, on se hâtera d'enlever les sonnettes et de disposer sur le même échafaud les équipages pour le versement de la maçonnerie de béton qui doit remplir les intervalles des pieux, et dont la composition sera indiquée ci-après, article 195.

ARTICLE 99.

Immersion du béton.

L'immersion du béton se fera au moyen d'un radeau qui aura une longueur de 6 mètres égale, à 8 décimètres près, à la distance comprise entre les files des pieux jointifs, et 0^m 60 centimètres de largeur, de manière à pouvoir passer entre les rangs des pilots. On disposera autour du radeau des bords mobiles, entre lesquels on placera successivement un lit de béton de 0^m 32 centimètres d'épaisseur et un lit de moellons cassés sur un décimètre de grosseur en tous sens. Pendant que l'on fera cette maçonnerie, le radeau sera maintenu au niveau du Pont de service, au moyen de quatre cordages placés aux angles, et auxquels seront adaptés des moufles, fixés sur le chapeau de ce Pont.

Pour faire échouer et relever alternativement le radeau, dès qu'il sera chargé comme il est dit ci-dessus, on enlèvera les bords et on les plongera en filant en même temps les quatre cordages. Quand il sera parvenu au fond, on laissera deux des cordages lâches, et on le fera basculer et remonter au moyen des deux autres.

Le remplissage de l'avant-bec et de l'arrière-bec de la pile, ainsi que des cases où les pieux, étant dérangés par le battage, se trouveroient trop serrés pour que le radeau décrit ci-dessus pût passer facilement, sera fait avec des caisses dont le fond s'ouvre au moyen d'un déclic, et semblables à celles qui ont été employées aux fondations des ponts du Jardin du Roi et de l'École Militaire.

ARTICLE 100.

A mesure que cette maçonnerie s'élèvera, on aura soin de la tasser fortement avec des pilons de fer fondu, excédant, du poids de 25 à 30 kilogrammes, celui de l'eau déplacée. Ces pilons seront emmanchés de bois de frêne, et mus par quatre hommes, au moyen de quatre anses adaptées au manche, comme les hies de paveur. *Pilonage.*

Le béton sera arasé de niveau, à quelques centimètres au-dessous du plan de recepage; ce qui sera constaté par des sondes.

Les inégalités que ces sondes feront reconnoître dans la couche supérieure, seront comblées par du béton jeté à la pelle dans une trémie, et que l'on pilonnera par le même procédé, et de manière à remplir, autant que possible, toutes les parties creuses.

ARTICLE 101.

Afin que, pendant cette opération, l'eau soit dormante dans l'emplacement de la pile, et ne délave pas trop le béton, on posera des vannages en sapin aux avant et arrière-becs, et en retour sur les côtés, contre les principaux pieux d'encaissement, ou ceux du Pont de service. Ces vannages s'élèveront jusqu'au-dessus du chapeau de ce pont. Ils seront en planches de sapin, ou bordages de vieux navires, de 6 à 7 centimètres d'épaisseur, posées l'une contre l'autre, sans aucun assemblage, et maintenues par trois montans et deux écharpes en bois de chêne. Ces vannages seront fixés sur les pieux d'encaissement par des tasseaux boulonnés sur ces pieux. Ces boulons à vis et écrou seront du poids de 8 kilogrammes et au nombre de 28. Les mêmes vannages serviront aux quatre piles. *Vannages pour maintenir l'eau dormante.*

Recepage des pilots.

ARTICLE 102.

La distance du plan de recepage des pieux de fondation des piles à celui de l'étiage, mesurée en contre-bas de celui-ci, sera, comme il a déjà été dit à l'article 22, de 3 mètres. *Niveau du recepage.*

Comme les pieux, au moyen des entures qui seront faites, sailleront au-dessus de la surface de l'eau, on tracera sur chacun, l'intersection d'un plan horizontal, d'après lequel on pourra vérifier l'opération du recepage.

ARTICLE 103.

Machine à receper.

On fera usage, pour cette opération, de la machine à receper inventée par MM. de Bentivoglie et de Cessart, Ingénieurs des ponts et chaussées, pour la construction des piles du pont de Saumur, et dont la description et les dessins sont dans l'ouvrage publié par ce dernier.

Avant de la commencer, on placera, en amont et en aval de l'emplacement de la pile, à 15 mètres de distance des derniers rangs de pieux, et à 3 mètres de chaque côté de l'axe, deux pieux coiffés par un chapeau, contre lequel on fixera deux grandes règles de 7 mètres de longueur, dont les arêtes supérieures seront dans un même plan horizontal, répondant à 1 mètre 3 décimètres au-dessus de l'échafaud qui porte la machine à receper.

Au moyen de ces deux règles et de deux autres plus petites et bien dressées, que l'on posera sur les montans ou élindes qui portent le plateau inférieur de la scie, et que l'on mettra dans le même plan que les premières, on parviendra à établir ce plateau sur lequel se meut la scie, et à opérer le recepage dans un plan horizontal et à la profondeur fixée.

ARTICLE 104.

Moyens de vérifier l'exactitude du recepage.

A mesure qu'un pilot sera recepé, on reconnoîtra par l'examen de la partie coupée si la section est bien nette et perpendiculaire à l'axe du pieu, et si la distance comprise entre elle et la ligne de niveau, précédemment tracée sur les pieux, est exacte et la même pour chacun.

Dans le cas où, par quelque erreur d'opération, ou toute autre cause, le pieu seroit recepé trop haut, on recommencera le recepage. S'il étoit trop bas, on descendra sur la tête du pieu une rondelle en fer forgé, égale en épaisseur à la différence qui aura lieu ; ou bien, s'il y a plusieurs pieux qui soient également sciés au-dessous de la profondeur fixée, on baissera le plan du recepage ; et l'on reviendra sur ceux précédemment coupés, pour les mettre tous au même niveau. Enfin, si, comme il arrive quelquefois, le pieu est scié obliquement, on reprendra le recepage, pour enlever seulement la partie en biseau. Toutes ces opérations, qui exigent beaucoup de soin, n'offrent pourtant pas de grandes difficultés, la machine étant assez parfaite pour scier des tranches de 3 et 4 millimètres d'épaisseur.

ARTICLE 105.

Lorsque le recepage des pilots sera terminé et vérifié, on démontera l'échafaud de la scie ; on coupera le pieu d'encaissement de l'avant-bec saillant au-dessus de la surface de l'eau ; on retirera deux panneaux du vannage ; et l'on fera entrer dans l'emplacement de la pile le caisson dans lequel la maçonnerie doit être construite, et dont on va donner la description dans le paragraphe suivant.

Construction d'un caisson.

ARTICLE 106.

Le plan du fond de chaque caisson présentera la forme d'un rectangle de 21 mètres 84 centimètres de longueur et de 5 mètres 75 centimètres de largeur, dont les angles auroient été retranchés, de manière à former des pans coupés de 2 mètres 12 centimètres de longueur, mesurés sur le prolongement des faces latérales, et 2 mètres 26 centimètres sur celui des faces extrêmes.

Dimensions du fond.

ARTICLE 107.

Le fond sera composé d'un cours de chapeaux extérieurs de 57 mètres 3 décimètres de longueur développée, compris joints sur 36 à 46 centimètres d'équarrissage, et de racinaux jointifs de 25 centimètres d'épaisseur, posés perpendiculairement à l'axe longitu-

Chapeaux et racinaux.

dinal de la pile. Ces racinaux seront assemblés dans les chapeaux, au moyen d'une rainure de 14 centimètres de profondeur sur 12 centimètres de hauteur. Celle-ci sera réduite à 85 millimètres dans le fond, parce que la paroi supérieure de la rainure sera taillée en plan incliné. Ils seront liés entre eux par deux cours de boulons à écrou, de 4 centimètres de diamètre et de 2 mètres 22 centimètres de longueur, placés dans le milieu de la hauteur de chaque joint. Il y aura 10 boulons dans chaque cours.

ARTICLE 108.

Les chapeaux seront liés aux racinaux par 28 boulons, ou tirans de fer, de 35 millimètres de diamètre, et de 80 centimètres de longueur, y compris l'écrou. Ils seront du poids de 7 kilogrammes 61 décagrammes; ils traverseront les chapeaux à 18 centimètres au-dessus de l'arête supérieure. Les écrous seront placés dans des trous pratiqués dans les racinaux, et resteront fixes pendant la pose des boulons. Ils seront, autant que possible, également espacés; et l'on observera seulement que ceux placés d'un côté doivent correspondre aux mêmes racinaux que ceux placés du côté opposé.

Deux de ces tirans porteront à la tête un anneau de fer pesant 6 kilogrammes, pour attacher les câbles de retraite, dans l'opération de la mise à flot.

ARTICLE 109.

Les chapeaux longitudinaux du caisson ne seront pas composés de plus de deux pièces, qui seront assemblées entre elles, soit à trait de Jupiter, soit en double queue d'aronde, telle qu'elle est décrite à l'article 64.

Pour les chapeaux des culées, les pièces des angles s'emboîteront les unes dans les autres, au moyen de tenons pratiqués dans toute la largeur des bois. Ces tenons seront taillés en queue d'aronde, en sorte qu'ils auront 14 centimètres d'épaisseur à l'intérieur, et 10 centimètres à l'extérieur. On aura soin que les articulations de deux cours de chapeaux parallèles ne correspondent pas à une même file transversale de pieux, et qu'il y ait au moins deux entrevous de liaison.

ARTICLE 110.

Ces articulations seront consolidées par deux plates-bandes en fer, placées, l'une dans la face latérale du chapeau, et l'autre dans la face inférieure. Cette dernière aura 1 mètre 66 centimètres de longueur, y compris deux retours de 5 centimètres aux extrémités. Elle sera entièrement encastrée dans le bois, et fixée par quatre clous fraisés et par deux boulons de 2 centimètres de diamètre, dont la tête sera également fraisée, pour qu'elle ne désafleure pas la plate-bande. Celle qui sera placée latéralement sera traversée par deux des boulons servant de tirans, et dont les dimensions sont indiquées ci-dessus. Elle sera encastrée comme la plate-bande inférieure, et aura 1 mètre 76 centimètres de longueur, y compris les retours. Les trous des boulons seront placés à 28 centimètres de chaque extrémité des plates-bandes, en sorte que celles-ci ayant des longueurs inégales, ils ne pourront se rencontrer dans l'intérieur des pièces.

Plates-bandes en fer et boulons.

Six équerres, dont quatre d'un mètre 9 décimètres de longueur, et deux de 3 mètres 13 centimètres, en fer de mêmes dimensions que celui des plates-bandes, seront posées latéralement sur les assemblages des angles. Ces équerres seront fixées par six clous et trois boulons de 4 centimètres de diamètre.

ARTICLE 111.

On placera sur les racinaux six cours de madriers longitudinaux, de 11 centimètres d'épaisseur et 33 centimètres de largeur, dont le dessus affleurera la face supérieure des chapeaux. Deux de ces cours seront placés le long des chapeaux, et les cinq autres le seront de manière à correspondre aux quatre files intérieures des pieux, lorsque le caisson sera mis en place. Ces madriers seront fixés sur cha-

Madriers posés sur les racinaux.

que racinal, au moyen d'une chevillette de 2 décimètres de longueur, et du poids de 25 décagrammes. L'intervalle entre ces madriers sera rempli en maçonnerie de béton.

Dimensions des bords.

Les bords de chaque caisson seront composés de quatorze panneaux encastrés dans des rainures pratiquées dans des poteaux montans. Ces poteaux seront au nombre de quatorze ; savoir, huit dans les angles, et trois intermédiaires de chaque côté. Leur espacement sera de 4 mètres 35 centimètres dans les faces latérales, et 3 mètres 10 centimètres dans les pans coupés. Ceux des faces auront 25 sur 30 centimètres d'équarrissage, et 5 mètres 9 décimètres de longueur au-dessus du chapeau', dans lequel ils seront assemblés à tenon et mortaise. Les huit poteaux d'angle auront la même longueur, et seront pris dans des bois de 38 à 38 centimètres d'équarrissage. Ils seront également assemblés à tenon et mortaise dans le chapeau ; cette mortaise aura 21 centimètres de longueur, 6 de largeur et 8 de profondeur. La joue extérieure du tenon se trouvera dans le prolongement de l'arête intérieure d'une rainure pratiquée dans la face supérieure du chapeau, et destinée à recevoir les panneaux des bords. Cette rainure aura 10 centimètres de largeur et 5 de profondeur ; son arête extérieure sera à 8 centimètres de distance de celle du chapeau.

Poteaux montans.

Les faces extérieures des poteaux d'angle seront taillées suivant la direction des bords du caisson ; elles auront 22 centimètres de largeur. Celle des faces latérales, qui seront retournées d'équerre, sera de 30 centimètres. Tous les poteaux porteront latéralement deux rainures verticales d'un décimètre de largeur, et de 5 centimètres de profondeur, correspondant à celles du chapeau.

Les poteaux d'angle et ceux répondant au milieu de chaque face seront d'une seule pièce; ceux intermédiaires seront, pour plus de facilité dans l'assemblage et dans la démolition des bords, formés de deux pièces juxta-posées et réunies par quatre boulons dans la hauteur. Chacun de ces boulons aura 25 millimètres de diamètre, 30 centimètres de longueur entre tête et écrou, et pesera 2 kilogrammes.

ARTICLE 114.

Les panneaux des faces latérales d'un caisson auront chacun 4 mètres 20 centimètres de longueur; ceux des pans coupés, 2 mètres 78 centimètres, et ceux des extrémités 92 centimètres.

Panneaux.

Chaque panneau aura 5 mètres 89 centimètres de hauteur, à compter du fond de la feuillure jusqu'au-dessus du madrier supérieur. Il ne pourra être composé de plus de quinze madriers, qui seront assemblés au moyen de deux pièces verticales moisées, et de deux écharpes extérieures venant joindre les moises à leur extrémité supérieure.

Les madriers auront 1 décimètre d'épaisseur; les écharpes auront 0m 22 centimètres sur 0m 8 centimètres d'équarrissage; et les pièces verticales servant de moises seront de 0m 25 centimètres sur 0m 8 centimètres : ces pièces seront fixées sur chaque bordage par trois chevillettes pesant ensemble 0k 540 décagrammes.

ARTICLE 115.

En construisant le fond du caisson, on aura soin d'enfoncer dans les chapeaux, au droit de chaque poteau, une forte cheville barbelée, garnie d'un crochet; le tout pesant 2 kilogrammes.

Crochets et tire-fonds.

Ces crochets serviront à attacher des tire-fonds en fer, au nombre de quatorze pour chaque caisson, destinés à fixer les bords avec le fond. Ces tire-fonds auront 6 mètres 2 décimètres de longueur, 0m 6 centimètres de largeur, 0m 23 millimètres d'épaisseur. Ils porteront à leur extrémité inférieure un œil dans lequel entrera le crochet; et ils seront taraudés à leur extrémité supérieure, ce qui permettra de les arrêter par des écrous fortement serrés au-dessus des baux, ou pièces transversales posées sur les bords et destinées à empêcher leur écartement.

ARTICLE 116.

Baux ou entre-toises.

Ces baux de 0^m 20 sur 0^m 22 centimètres d'équarrissage seront au nombre de treize, dont neuf ayant chacun 6 mètres 3 décimètres de longueur, et quatre ayant 5 mètres 1 décimètre. Ils seront eux-mêmes liés avec les poteaux montans par des liens ou contre-fiches en bois de 2 mètres 7 décimètres de longueur, sur 0^m 15 centimètres et 0^m 18 centimètres d'équarrissage, et entre eux au moyen de deux cours de longrines de 0^m 18 centimètres sur 0^m 20 centimètres d'équarrissage, ayant ensemble une longueur de 39 mètres 44 centimètres, et placés près des bords.

ARTICLE 117.

Pose sur la cale.

Chaque caisson sera d'abord construit et assemblé dans le chantier de charpente. Après que toutes les dimensions des pièces et l'exactitude des assemblages auront été vérifiées, les bois seront transportés et mis au levage sur une cale établie au bord de la rivière, et dont la construction est détaillée ci-après, article 121.

ARTICLE 118.

Calfatage et tinguage.

Le caisson achevé et assemblé sur la cale, on remplira avec de l'étoupe et du goudron toutes les gerçures du bois ; puis on recouvrira les joints des racinaux et ceux des bordages avec des tingues carrées de 65 millimètres de largeur, bien garnies de glaise et de mousse, et attachées sur chaque pièce au moyen de clous espacés de 10 centimètres.

ARTICLE 119.

Sur les joints des angles rentrans, tels que ceux qui se trouvent à la jonction des racinaux avec les chapeaux et à celles des bordages avec les poteaux moisés, on placera des tingues triangulaires appelées gavets, clouées sur les deux pièces. Mais à la rencontre du bordage avec les chapeaux et les poteaux à rainures, ces tingues triangulaires (qui prennent alors le nom d'éplantiaux) ne devront être clouées que sur l'une des deux pièces, afin qu'elles ne puissent porter obstacle à l'enlèvement des bords du caisson.

ARTICLE 120.

On a supposé dans le détail estimatif que les joints du fond du caisson seront recouverts par des tingues carrées, dont chaque cours régnera sur toute la longueur des joints des racinaux, et qu'on attendra que ce tinguage soit achevé avant de poser les cours des madriers longitudinaux, dont la face inférieure sera entaillée au droit de chacun des cours de tingue, de manière à porter sur chaque racinal.

Cependant, l'entrepreneur sera libre, s'il le juge convenable, pour éviter ces entailles dans les madriers, de remplacer les tingues carrées du fond par des gavets ou tingues triangulaires, encastrées de toute leur épaisseur dans les joints des racinaux.

Construction de la cale et mise à flot du caisson.

ARTICLE 121.

La cale pour assembler le caisson et le lancer à la rivière, sera composée en quatre longrines ou coulottes de sapin, de 18 mètres de longueur chacune, et de 30 sur 35 centimètres d'équarrissage, disposées de manière que leurs faces supérieures soient dans un même plan, et que ce plan soit incliné suivant une pente de 0^m 10 centimètres par mètre. Afin d'empêcher que le poids du caisson ne fasse pénétrer le chapeau dans les faces supérieures des pièces, elles seront revêtues d'une fourrure en bois de chêne de 6 centimètres d'épaisseur, dressée et arrondie avec soin.

Ces longrines porteront d'un bout sur le terrain, et de l'autre sur

Système de charpente de la cale pour mettre à flot le caisson.

deux rangs de pieux moisés deux à deux, et battus en rivière, de manière qu'il puisse y avoir sur la tête du dernier rang, au moins un mètre de hauteur d'eau au moment du lançage.

On placera le caisson sur la cale, en le faisant d'abord porter sur des chantiers posés entre les longrines, de manière que le fond soit dans une position horizontale, et ne porte sur la cale que dans sa partie supérieure, et par une des arêtes du chapeau. Lorsqu'il sera tout-à-fait assemblé, ferré et tingué, et que l'on voudra le mettre à flot, on le soulèvera par des verrins placés sur le devant, et l'on enlèvera les cales et chantiers sur lesquels il étoit porté. On graissera avec du savon noir le dessus des longrines, sur lesquelles on le ramènera ensuite progressivement au moyen des verrins. Afin de diminuer les frottemens, on aura soin de placer, entre le fond et le dessus de chaque longrine, deux cales ou traîneaux en chêne de 6 centimètres d'épaisseur, dont la face inférieure sera arrondie et savonnée. Pendant cette opération, le caisson sera maintenu par deux cordes d'amare, attachées à des anneaux fixés dans le chapeau, lesquelles s'enrouleront sur des poteaux plantés à 5 mètres de distance.

Enfin, lorsque le caisson ne portera plus que sur les cales savonnées, posées sur les longrines, et que l'on aura vérifié si ses faces sont perpendiculaires à la direction de ces pièces, on déroulera simultanément les deux amares, et le caisson se mettra à flot en glissant sur la cale.

Echelles et repères tracés sur les bords du caisson avant le lançage.

On aura eu soin de repérer les axes de la pile sur les bords du caisson, de fixer de chaque côté trois coulisses verticales, nécessaires pour l'opération de l'échouage, et enfin de tracer extérieurement, au milieu de la longueur et à chaque extrémité, une échelle, pour mesurer exactement le tirant d'eau du caisson à mesure qu'on le chargera, afin de le maintenir dans une position horizontale, surtout quand il sera sur le point d'atteindre la tête des pieux.

Échouage du caisson. Construction des assises de fondation.
Enlèvement des bords.

ARTICLE 124.

Lorsqu'on se sera assuré, par les moyens détaillés à l'article 104, que les têtes des pieux ont été recepées parfaitement de niveau; lorsque l'on aura bien constaté, soit par des sondes, soit en faisant plonger un des ouvriers choisi parmi les meilleurs nageurs, qu'aucun corps étranger ne s'est arrêté sur ces pieux, et que la maçonnerie de béton n'excède pas le plan du recepage, on amènera le caisson entre les pieux d'échafaud. Après l'avoir lesté de manière que le fond soit horizontal, ce qui sera constaté par les échelles tracées sur les bords, on l'établira dans la position qu'il doit occuper, au moyen de palans et d'étais qu'on allongera et raccourcira autant qu'il sera nécessaire, et qui porteront d'une part sur des pieux d'échafaud, et de l'autre dans des coulisses verticales, fixées extérieurement aux bords du caisson. On arrondira l'extrémité de ces étais, et on les graissera, ainsi que le fond des coulisses, de manière à diminuer les frottemens.

Transport du caisson dans l'emplacement de la pile.

ARTICLE 125.

Pour introduire le caisson dans l'emplacement de la pile, on aura été obligé de démonter les vannages posés à l'avant-bec. On les remettra en place dès qu'il sera entré, afin que le courant n'amène aucun corps étranger entre les pieux de fondation et le fond du caisson.

ARTICLE 126.

Avant de construire les assises de fondation, on remplira avec de la maçonnerie de moellons de petites dimensions et de béton les intervalles entre les madriers longitudinaux du caisson. On

Assises de fondation de la pile.

9

posera ensuite la première assise de fondation, et successivement les autres assises, dont les dimensions ont été décrites ci-dessus, à l'article 23.

L'entrepreneur emploiera pour le levage et la pose des pierres de la pile, soit une grue, soit une roue de carrière, nommée *singe*, placée sur le pont de service et dans l'axe du pont, de manière que la pose de chaque assise ait lieu en allant des extrémités vers le milieu, et que l'on puisse y employer constamment deux ateliers de pose.

ARTICLE 127.

Pose du caisson sur les pieux.

Lorsque la maçonnerie de la pile sera parvenue au point que le tirant d'eau du caisson ne diffère plus que de 0^m 3 décimètres de la profondeur du plan du recepage, on interrompra la pose pour vérifier si le caisson n'a point été dérangé; et lorsque les axes de celui-ci, repérés exactement sur ses bords, et d'après lesquels les premières assises auront été posées, se confondront avec ceux de la pile repérés sur les chapeaux du pont de service, et vérifiés d'après les points d'alignement tracés sur les culées, on percera des trous de tarière dans les bords, pour introduire l'eau dans le caisson, afin de le faire échouer sur les pieux.

On s'assurera, au moyen des quatre échelles tracées sur les bords, et par des sondes, s'il porte sur tous les pieux. Dans le cas où l'on remarqueroit des inégalités, qui ne pourroient avoir lieu que si quelques parties de la maçonnerie de béton excédoient les têtes de ces pieux, ou parce que, malgré les précautions prises, quelque corps étranger se seroit introduit entre le plan du recepage et le dessous du caisson : alors, après avoir épuisé au moyen de deux pompes placées d'avance aux extrémités du caisson, on le remettra à flot, on le retirera de son emplacement ; et après avoir fait disparoître l'obstacle, on le remettra en place, et on l'échouera de nouveau par le même procédé.

Enfin, lorsqu'il sera définitivement mis en place, que sa position sera vérifiée, et qu'on aura reconnu qu'il pose bien sur tous les

pieux de fondation, on épuisera et on continuera d'élever la maçonnerie de la pile.

ARTICLE 128.

Quand elle sera élevée jusqu'à la hauteur du pont de service, *Démontage des*
correspondant au lit de dessus de la dixième assise, on démontera *bords.*
les deux cours de longrines supérieures, les baux, les tire-fonds,
et l'on enlèvera ensuite, au moyen d'une chèvre simple, les bords,
qui seront rentrés dans le chantier pour être adaptés à un autre
caisson. On commencera, avant d'enlever les panneaux, par dé-
placer les deux poteaux montans du milieu, que l'on aura eu
soin, ainsi qu'il est prescrit à l'article 113, de composer de deux
pièces juxta-posées, afin qu'ils puissent se démonter facilement, et
laisser de l'intervalle entre les panneaux pour les déboiter du fond
des rainures.

Maçonnerie de la pile.

ARTICLE 129.

Les dimensions des assises, celles des retraites que les premières *Pose des assises.*
doivent porter, celles des pierres de parement et des libages de
remplissage, ont été indiquées aux art. 23 et 24. Il sera d'ailleurs
remis par l'ingénieur en chef à l'entrepreneur, au moment de l'exécution, un plan détaillé et coté de chaque assise, auquel il sera tenu
de se conformer.

ARTICLE 130.

A mesure qu'une assise sera posée, on aura soin de la déraser
horizontalement, et de tracer sur le lit de dessus les axes de celles
à poser. On ne commencera la pose qu'après que ce tracé aura été
vérifié, afin que si le poseur s'écarte des points de repère qui auront
été fixés, on puisse le redresser avant que la différence devienne trop
considérable.

ARTICLE 131.

Les pierres des extrémités des paremens des corps carrés se
prolongeront, de deux en deux assises, de 0^m 6 décimètres d'épaisseur, pour faire liaison dans les avant et arrière-becs. Chaque assise

de ces derniers sera successivement composée de deux et trois quartiers de pierre appareillés régulièrement et par bossage, suivant les dimensions indiquées à l'article 17.

Elles seront taillées en coupes, de manière que leurs faces latérales soient dirigées dans le plan de l'axe du cône tronqué, à base circulaire, qui forme l'avant ou l'arrière-bec.

ARTICLE 132.

Les assises de la pile, jusques et compris la neuvième, à compter du dessus de la plate-forme, seront posées et coulées en mortier de chaux et pouzzolanne, ou ciment; celles supérieures le seront en mortier blanc. Les pierres ne seront point posées sur cales, mais sur bain de mortier, comme il est dit à l'article 77, pour la culée, et affermies avec un maillet à deux queues, jusqu'à ce que le joint soit réduit à l'épaisseur, fixée à 6 millimètres au plus. Celle des joints montans ne pourra excéder 2 millimètres, c'est-à-dire l'espace nécessaire pour introduire le couteau à scie, destiné à rendre parallèle les arêtes de deux pierres contiguës, et faire pénétrer le coulis dans toute la hauteur du joint.

ARTICLE 133.

Lorsqu'on sera parvenu à la treizième assise, qui est celle qui se trouve immédiatement sous le couronnement, on fixera avec un niveau à bulle d'air la hauteur du dérasement, afin que les lits de dessus de ces assises, pour les deux piles et les deux demi-piles, soient dans un même plan horizontal.

On posera ensuite, avec les précautions qui viennent d'être indiquées, les deux assises du couronnement, le chaperon et les assises de coussinet, dont les dimensions sont fixées à l'article 15.

ARTICLE 134.

Encorbellemens pour porter les cintres.

On aura soin de laisser dans les 7e et 8e assises du parement des piles, au droit de chacune des fermes qui doivent composer les cintres en charpente, pour la construction des voûtes, des encorbellemens de o^m 5 décimètres de longueur, et ayant une saillie, le premier, de 5, et le second, de 8o décimètres, destinés à porter la semelle sur laquelle seront assemblées les jambes de force des cintres.

CHAPITRE III.

Construction des arches.

Description des cintres pour les trois arches.

ARTICLE 135.

Les trois arches à construire sur chacun des deux bras de la Seine, séparés par l'île la Croix, seront cintrées et décintrées en même temps, afin que la pose des voussoirs desdites arches puisse avoir lieu à chacune symétriquement, et que la pression sur les coussinets des piles soit constamment égale de part et d'autre.

Les trois arches construites à la fois.

ARTICLE 136.

Chaque cintre sera composé de 8 fermes en charpente, espacées de 2 mètres de milieu en milieu, supportées par deux palées, et liées entre elles par un système de moises et contre-fiches, détaillé ci-après.

Nombre des fermes.

ARTICLE 137.

Chaque ferme sera portée par quatre points d'appui; savoir, deux jambes de force de 35 à 4o centimètres d'équarrissage, et 3 mètres 6 décimètres de hauteur, appuyées contre une pièce verticale ou fourrure, de 2 mètres 55 centimètres de longueur, sur 4o à 4o centimètres d'équarrissage, adossée contre la pile.

ARTICLE 138.

Les jambes de force seront assemblées à tenon de 1 décimètre de longueur, dans une sablière de 15 mètres de long, sur o^m 25 à o^m 45 centimètres d'équarrissage, portée sur des encorbellemens ménagés dans les 7e et 8e assises, et dont le dessus sera à

Jambes de force.

un mètre 5 décimètres au-dessus des basses eaux, afin de pouvoir effectuer le décintrement à l'époque des eaux moyennes. La mortaise, pratiquée dans la semelle, aura une profondeur égale à l'épaisseur de la pièce, qui est de 0^m 25 centimètres.

ARTICLE 139.

Palées.   Les deux palées seront espacées entre elles de 5 mètres. Elles seront composées chacune, 1°, de 16 pieux de 15 mètres de longueur, et 0^m 35 centimètres de diamètre moyen, liées par un cours de doubles moises horizontales de 20 à 35 centimètres d'équarrissage ; 2°, de seize poteaux montans, ayant 6 mètres 68 centimètres de longueur, sur 0^m 30 à 0^m 33 centimètres d'équarrissage, lesquels seront accouplés, et feront fonctions de moises pendantes dans la partie supérieure.

ARTICLE 140.

Ces poteaux seront assemblés à tenon de 1 [décimètre de longueur, dans un chapeau horizontal de 0^m 40 à 0^m 40 centimètres d'équarrissage, et 16 mètres de longueur, posé sur le cours de doubles moises, à 2 mètres 10 centimètres au-dessus des basses eaux, et dans lequel seront faites des mortaises de 0^m 40 centimètres de profondeur, 0^m 12 centimètres de largeur, et 0^m 80 centimètres de longueur ensemble, pour recevoir les tenons desdits poteaux.

ARTICLE 141.

Les pieux des basses palées seront battus au même refus, prescrit à l'article 61 pour les fondations de la culée.

ARTICLE 142.

L'écartemeut de ces palées sera empêché par deux entre-toises de 7 mètres de longueur sur 20 à 27 centimètres de grosseur, aux abouts desquelles seront chevillées deux chantignoles, qui seront en outre traversées par un boulon de 0^m 035 millimètres de diamètre, 0^m 8 décimètres de longueur, et pesant 8 kilogrammes.

La première entre-toise, placée à 1 mètre 4 déctimètres au-dessous des basses eaux, sera soutenue, à chaque extrémité, par des moises de 1 mètre 6 décimètres de longueur, sur 0^m20 à 33 centimètres d'équarrissage, embrassant les deux pieux de palée.

Ces moises seront entaillées à la rencontre des pieux, et seront descendues tout assemblées sur des chantignoles fixées d'avance aux pieux, à 1 mètre 65 centimètres au-dessous des basses eaux.

Il sera placé, entre les deux entre-toises de chaque travée, deux contre-fiches en croix de Saint-André, qui auront chacune 6 mètres 1 décimètre de longueur, et 0^m22 à 0^m22 centimètres d'équarrissage.

ARTICLE 143.

Les autres pièces composant chaque ferme seront ; savoir, 1°, quatre contre-fiches des palées supérieures, dont deux auront 5 mètres, et les deux autres 4 mètres 6 décimètres de longueur, sur 27 à 27 centimètres d'équarrissage dans l'arche du milieu, et 3 mètres 9 décimètres de longueur, et même équarrissage dans les autres arches;

2°. Une moise horizontale, sur laquelle porteront les contre-fiches, et qui servira à lier entre elles les palées des huit fermes. Cette moise, placée perpendiculairement à l'axe du Pont, à 3 mètres 5 décimètres au-dessus des basses eaux, aura 16 mètres 6 décimètres, compris un joint en trait de Jupiter, et 0^m22 à 0^m33 centimètres d'équarrissage. Elle sera boulonnée à ses extrémités, et dans les intervalles des fermes, par des boulons à écrou de 0^m035 millimètres de diamètre, de 0^m8 décimètres de longueur, et pesant 8 kilogrammes; et elle sera soutenue par deux chantignoles fixées à chacun des poteaux montans de palée;

3°. Trois cours d'arbalétriers, d'une longueur développée, de 97 mètres 3 décimètres pour les arches du milieu, et 81 mètres pour

Dimensions des bois de chaque ferme.

les autres arches, sur un équarrissage de 3o centimètres à 33. Ces arbalétriers seront posés bien jointivement bout à bout. Les deux premiers de chaque cours seront assemblés par embrèvement, avec tenon et mortaise, dans les jambes de force ;

4°. Onze moises pendantes, pour les fermes de chaque arche, ayant ensemble une longueur développée, de 28 mètres 7 décimètres pour l'arche du milieu, et 22 mètres pour les autres arches, sur 22 à 33 centimètres d'équarrissage ; ces moises seront entaillées à la rencontre des pièces, qu'elles embrasseront le plus exactement possible. Cette entaille sera telle, qu'il ne restera pas plus de 0^m 6 centimètres d'intervalle entre les deux parties de la moise. Elles seront serrées par des boulons de 0^m 35 millimètres de diamètre, au nombre de 37 pour chaque ferme. Ces boulons seront placés dans les intervalles entre les arbalétriers, de manière que ces pièces ne soient point percées ;

5°. Un cours de vaux posés sur les arbalétriers supérieurs ; ces pièces auront depuis 25 jusqu'à 40 centimètres, pris dans leur plus grande épaisseur, sur 3o centimètres de largeur. Elles seront d'une seule pièce entre chaque moise pendante, et arrondies à la face supérieure, selon la courbure d'un arc concentrique à celui suivant lequel les voussoirs seront posés, et distant de cet arc de 0,35 centimètres.

ARTICLE 144.

Moises horizontales, contre-fiches et guettes.

Les fermes seront liées entre elles au moyen de moises horizontales, entre-toises, et contre-fiches ou guettes, disposées comme il sera indiqué ci-après :

1°. Deux moises reposant sur le deuxième rang d'arbalétriers serviront à lier les poteaux montans des palées dans leur extrémité supérieure. Elles seront entaillées à la rencontre desdits poteaux de palées ; elles seront boulonnées à leur extrémité, ainsi que dans les intervalles des fermes. Leur longueur sera de 16 mètres 6 décimètres, compris un joint en trait de Jupiter, et leur équarrissage de de 22 à 23 centimètres ;

2°. Quatre autres cours de moises, de mêmes dimensions, embrasseront les moises pendantes; elles seront entaillées et boulonnées
comme celles ci-dessus;

3°. Deux entre-toises de 16 mètres 6 décimètres de longueur,
sur 22 à 25 centimètres d'équarrissage, seront fixées contre les jambes
de force, par des chevilles dentelées de 0^m 27 centimètres de longueur, et pesant 5 hectogrammes;

4°. Ces entre-toises seront posées sur des moises horizontales,
placées dans chaque ferme à 3 mètres 45 centimètres au-dessus des
basses eaux, parallèlement à l'axe du Pont, et qui embrasseront
les poteaux montans des palées et les jambes de force;

5°. Sept contre-fiches ayant depuis 4 mètres 3 décimètres jusqu'à 5 mètres 3 décimètres de longueur, sur 0^m 25 à 0^m 25 centimètres d'équarrissage, seront placées en écharpe dans les intervalles
des fermes, pour servir à les contreventer perpendiculairement à
l'axe du Pont.

ARTICLE 145.

Il y aura pour l'arche du milieu soixante-un couchis, et cin- Couchis.
quante-un pour les autres arches, répondant à un même nombre
de voussoirs. Ces pièces auront 16 mètres de longueur, et 22
à 24 centimètres d'équarrissage.

Les quinze premiers couchis, à partir des naissances des voûtes,
seront retenus par des chantignoles de 16 centimètres, sur 12 à 15
centimètres d'équarrissage.

Taille et levage des cintres.

ARTICLE 146.

Les fermes des cintres seront toutes taillées et assemblées sur Taille des fer-
des épures tracées dans le chantier. Ces épures seront faites sur mes sur le chan-
un sol dressé et bien battu, de manière que l'eau ne puisse pas tier, pose des palées et jambes de
y séjourner, et sur lequel seront solidement fixées des dosses ou force.
plates-formes de chêne. On marquera à la reinette sur ces plates-

10

formes les lignes de milieu de chaque pièce, ainsi que les assemblages. Aucune ferme ne sera enlevée de dessus l'épure qu'elle n'ait été vérifiée par les ingénieurs.

Les moises pendantes seront aussi taillées, et les trous des boulons seront percés, pendant que les fermes seront assemblées sur l'épure. Le pont de service, construit pour la fondation des piles, et décrit à l'article 83, servira au levage des cintres. On tracera sur le plancher les axes des huit fermes; et on s'occupera du battage des quatre pieux qui doivent porter les deux palées de chaque ferme. Lorsqu'ils seront battus, recepés et moisés à la hauteur indiquée dans l'article 143, on posera dessus les semelles qui doivent recevoir les poteaux montans des palées. On placera en même temps celles qui doivent être posées sur les encorbellemens des piles et les jambes de force.

ARTICLE 147.

On placera entre le parement de la pile et la jambe de force une pièce verticale, entaillée au droit de chaque joint, pour empêcher que les pierres ne soient épaufrées par la pression des cintres. La face verticale de cette plate-forme, qui posera contre les jambes de force, sera dressée avec soin, et savonnée, pour diminuer les frottemens au moment du décintrement.

ARTICLE 148.

Levage des huit fermes. Ensuite, au moyen de cinq écoperches placées sur le pont de service, et de grands tréteaux sur lesquels on formera un échafaud avec des plats-bords, on levera successivement les huit fermes.

ARTICLE 149.

On aura soin de boulonner, au fur et à mesure, les moises pendantes, et de maintenir chaque ferme dans une position verticale, avec des étais appuyés sur le plancher du pont de service. On observera en même temps de lier et contreventer provisoirement les fermes entre elles, avec des plats-bords cloués sur les arbalétriers, en attendant que les moises horizontales soient posées.

ARTICLE 150.

La pose de ces moises horizontales n'aura lieu qu'après que toutes les fermes seront levées, et que leur position aura été vérifiée. Ces moises seront taillées sur place, ainsi que les contrevens ou guettes, dont la pose suivra celle desdites moises.

Pose des moises horizontales.

ARTICLE 151.

On placera sur le dernier rang d'arbalétriers les vaux ou pièces arrondies dans leur face supérieure suivant la courbure de la voûte. Ces pièces ne seront qu'ébauchées dans le chantier, et devront être terminées sur place à l'herminette.

Pose des vaux.

ARTICLE 152.

On tracera sur le dessus des vaux, dans les deux fermes de tête, à partir du milieu des arches, la ligne de milieu de chaque cours de voussoirs, que l'on repérera sur les fermes intermédiaires; et l'on placera, d'après ce tracé, les cours de couchis, dont l'équarrissage est indiqué dans l'article 145, et dont les longueurs seront telles qu'ils portent alternativement sur trois et sur quatre fermes. Ces couchis, à partir du quatorzième depuis la clef, seront appuyés sur des tasseaux cloués par deux chevillettes, et qui s'opposeront à leur glissement.

Pose des couchis.

Tracé de l'épure.

ARTICLE 153.

Des cintres construits suivant le système décrit ci-dessus doivent être considérés comme fixes. Ils ont été employés avec avantage aux voûtes du Pont de l'École Militaire, de 28 mètres d'ouverture, et de 3 mètres 3 décimètres de flèche, et dont le tassement total n'a été, pendant et après le décintrement, que de onze centimètres. On peut conclure de cette expérience que le tassement

Tassement des voûtes.

que les trois voûtes du Pont pourront éprouver, n'excédera pas vingt centimètres pour la grande arche, et quinze centimètres pour les petites. Dans le tracé de l'épure de chaque voûte, on aura soin d'augmenter les flèches des arcs de ces quantités.

ARTICLE 154.

Ouverture des joints.

Le changement de forme qui s'opérera lorsque les voussoirs seront abandonnés à eux-mêmes, devant resserrer les joints de l'intrados près des naissances, et ouvrir ceux voisins de la clef, on aura soin de prévoir cet effet dans le tracé de l'épure, ainsi que dans la pose des voussoirs. En conséquence, on donnera au 1er joint 14 millimètres d'épaisseur à l'intrados, et seulement 2 millimètres à l'extrados. On diminuera ensuite progressivement d'un millimètre l'épaisseur des joints à l'intrados, en augmentant dans la même proportion leur épaisseur à l'extrados, jusqu'au sixième joint, auquel on donnera l'épaisseur moyenne, indiquée à l'article 25, de 8 millimètres. On fera, à partir de la clef, la même opération en sens inverse.

Par ce moyen, les lignes de milieu de chacun des joints seront dirigées vers le centre de l'arc, seulement à partir du sixième cours des voussoirs jusqu'au vingt-sixième, les autres joints près des naissances, et ceux voisins de la clef seront tracés d'après l'indication que l'on vient de donner.

ARTICLE 155.

Tableau des coordonnées de chaque voûte.

Les centres de chacun des arcs, auxquels doivent tendre les lignes de joint des voussoirs, étant trop éloignés pour qu'on puisse décrire exactement les courbes avec un trusquin, il convient de les tracer par points.

En conséquence, il sera dressé par les ingénieurs, d'après les données établies dans les deux articles précédens, un tableau dans lequel seront calculés pour chaque joint, 1°, la valeur des arcs; 2°, leurs sinus et cosinus pour les rayons donnés; 3°, les abscisses de chaque courbe, mesurées sur sa corde; 4°, les ordonnées; 5°, les longueurs des tangentes à l'extrados.

ARTICLE 156.

Lorsque les deux épures, l'une pour la grande arche et l'autre pour les arches extrêmes, auront été tracées sur une aire en plâtre bien dressée, et que la vérification en aura été faite par l'ingénieur en chef, l'appareilleur relèvera sur ces épures les dimensions des panneaux qui lui serviront à la taille des pierres. Aucun panneau ne sera employé sans avoir été présenté sur l'épure; et on aura soin de les vérifier de temps en temps, pour reconnoître si, par la différence de température, ou par toute autre cause, leurs dimensions ne sont pas altérées.

Tracé sur une aire en plâtre, et panneaux pour la taille des voussoirs.

Dimensions des voussoirs.

ARTICLE 157.

L'épaisseur à la clef de chacune des voûtes a été fixée, à l'article 25, à un mètre 45 centimètres. Les voussoirs de tête porteront en outre une épaisseur de 0^m 5 centimètres, égale à la saillie des bossages, qui se prolongeront en retour sur la douelle, ainsi qu'il est dit à l'article 26.

Nombre et appareil des pierres de chaque voûte.

La clef et les huit voussoirs de tête, depuis et compris les contre-clefs, seront prolongés jusque sous l'assise du couronnement; les autres se raccorderont avec les assises horizontales des tympans.

On aura soin de donner aux voussoirs de tête un décimètre de longueur de coupe de plus qu'il ne sera indiqué sur l'épure, afin de pouvoir, après le décintrement et lorsque le tassement des voûtes sera achevé, faire un dérasement général.

ARTICLE 158.

Chaque cours de voussoirs sera alternativement composé de neuf et dix quartiers de pierre, ayant chacun un mètre 5 décimètres de longueur de douelle pour les voussoirs intermédiaires, et alternativement un mètre 5 décimètres et 2 mètres 25 centimètres pour les voussoirs de tête.

Ils seront posés de manière que les joints montans d'un cours de voussoir répondent au milieu de chaque pierre du cours inférieur.

La carrière de Chérence, d'où l'on extraira les pierres pour le Pont, n'étant pas divisée par bancs horizontaux, ni par joints verticaux, et ne formant qu'une seule masse dans laquelle on taille les blocs suivant les dimensions que l'on veut leur donner, cet appareil régulier n'entraîne aucune difficulté. Cependant comme les joints des voûtes ne seront pas dessinés par des bossages, une légère différence dans la longueur des voussoirs mesurée à la douelle ne sera pas sensible. Ainsi l'entrepreneur pourra faire varier de deux décimètres en plus ou en moins la longueur de douelle de chaque pierre, ce qui permettra d'employer toutes celles qui dans le transport auroient été écornées, en retaillant le joint.

ARTICLE 159.

Comme après la pose de chaque rang de voussoirs, il sera nécessaire de retailler les lits des pierres, afin de déganchir les coupes, et que cette retaille tend à diminuer l'épaisseur des douelles, l'appareilleur aura soin de conserver un certain nombre de cours de voussoirs, dont il laissera un lit à tailler, afin de regagner, sur plusieurs cours, la différence que les vérifications faites pendant là pose feroient reconnoître. Par le même motif, il ne taillera les voussoirs de clef et les deux rangs de chaque côté de la clef, qu'après que tous les autres cours de voussoirs seront posés, et que l'on aura exactement mesuré l'espace qui restera compris entre les derniers plans de joint.

Pose des voussoirs.

ARTICLE 160.

Echafaud sur les   Il sera construit, sur le milieu des cintres de chaque arche, un échafaud composé de deux rangs de tréteaux espacés de 2 mètres cintres, et machine pour le levage des pierres. de milieu en milieu, et assemblés par le pied, à tenon et mortaise, dans le cours supérieur d'arbalétriers. Les têtes seront réunies par deux cours de longrines de 7 mètres de longueur chacune, et 20 centimètres sur 25 d'équarrissage, et fixées sur chaque tête par un boulon à écrou du poids de 5 kilogrammes. Sur ces longrines, seront posées sept poutrelles de sapin de 30 centimètres de grosseur, soutenues en leur milieu par un montant vertical et par deux étais inclinés. Ces pièces auront de 22 à 35 centimètres d'équarrissage.

ARTICLE 161.

On construira sur ces poutrelles un plancher de madriers en chêne de 16 centimètres d'épaisseur, sur lequel sera placée une machine appelée *singe*, composée d'un treuil horizontal de 30 centimètres, et d'une roue de carrière de 5 mètres de diamètre, destinée à monter les pierres des voûtes, qui seront amenées en bateaux jusque sur les parties du Pont de service comprises entre les palées des cintres.

Cette machine, au moyen des rouleaux établis sous les semelles de son châssis en charpente, pourra, s'il est jugé nécessaire, se mouvoir facilement de la tête d'amont à celle d'aval.

ARTICLE 162.

Chaque voussoir sera élevé par la machine jusqu'au sommet du Pose d'un voussoir. cintre ; et de ce point on le transportera, en le faisant glisser sur le cintre et sur des rouleaux, jusqu'à la place qu'il doit occuper. On aura soin, pour rendre cette manœuvre facile, de garnir tout le dessus des cintres d'un plancher de voliges en bois blanc, clouées sur chaque cours de couchis, et que l'on coupera à mesure que l'on aura posé un cours de voussoirs.

Lorsque la pierre à poser sera amenée près de la place qu'elle doit occuper, on la soulèvera au moyen d'un cric ou d'un treuil à engrenage, placé sur un échafaud volant au-dessus du cours de voussoirs ; et en lui faisant faire un quart de révolution , on la mettra en place sur deux cales qui auront été d'avance mises sur les couchis.

ARTICLE 163.

Vérification de la pose.

On commencera la pose de chaque cours par celle des voussoirs de tête, dont la position devra être vérifiée par l'ingénieur ordinaire, avant qu'on puisse s'occuper de la pose des voussoirs intermédiaires. Cette vérification se fera de la manière suivante :

On placera dans l'axe de chaque pile et demi-pile, à 4 décimètres de distance des fermes de tête, en amont et en aval, des règles verticales, sur lesquelles seront tracées et numérotées les ordonnées correspondantes à la ligne d'intersection de chaque plan de joint avec la douelle. Ces règles, invariablement fixées et vérifiées avant que l'on commence la pose, serviront à déterminer la hauteur de cette ligne pour chaque cours de voussoirs, au moyen de voyans que l'on placera aux deux points correspondans de chacune desdites règles.

On mesurera les abscisses, à partir de l'axe des piles et demi-piles, au moyen de grandes règles de 5 mètres, bien graduées et posées de niveau. Si la distance mesurée de chaque point à l'axe de la pile est plus forte que l'abscisse cotée sur l'épure, on tracera, sur le parement de tête du voussoir, une ligne parallèle au joint, et qui indiquera la quantité dont il convient de déraser le lit. Si au contraire la distance est moindre, on remplacera la pierre par une de celles qui seront réservées dans le chantier avec un lit non taillé, ou bien l'on regagnera la différence en la répartissant sur les deux ou trois cours de voussoirs qui suivront.

La courbure de la douelle sera vérifiée au moyen d'une cerce taillée sur l'épure, suivant l'arc des têtes, et comprenant au moins cinq cours de voussoirs.

Enfin, l'on s'assurera de l'inclinaison des lits au moyen d'un panneau portant un fil à plomb, et une portion de cercle sur laquelle on aura tracé à l'avance l'inclinaison de chaque lit.

ARTICLE 164.

On observera exactement, lors de la pose de chaque cours de voussoirs, l'effet que leur poids produira sur les cintres; et s'ils tendoient à remonter dans la partie supérieure, par l'effet de la charge des premiers voussoirs, on les chargeroit dans leur milieu par un emmétrage en moellons, ou par des pierres posées à plat sur les couchis, et de manière à laisser des intervalles suffisans pour le service. Mais l'on présume qu'au moyen de la pression constante qu'exercera le poids de la machine à monter les pierres, placée au milieu de chaque cintre, on n'aura pas besoin de recourir à ce rechargement.

ARTICLE 165.

On posera en même temps les trois voûtes; et l'on aura soin de placer un même nombre de voussoirs de chaque côté, afin que les pressions exercées contre chaque face des coussinets soient égales. Il y aura donc six ateliers de pose employés simultanément.

Pose simultanée des trois voûtes.

ARTICLE 166.

Quand on aura atteint le vingt-quatrième cours de voussoirs de la grande arche, et le dix-neuvième cours des deux autres, on démontera les tréteaux de l'échafaud placé sur les cintres; et on fera porter l'extrémité des poutrelles sur des chantiers posés sur l'extrados de la voûte. L'étai du milieu restera, et ne sera enlevé que pour la pose des cinq derniers cours y compris la clef, après qu'on l'aura remplacé par des cales portant sur les voussoirs déjà posés.

ARTICLE 167.

Les joints des voûtes seront fichés et coulés en mortier composé de chaux et ciment ordinaire, dans les proportions indiquées à l'article 192. On attendra, pour commencer à ficher, qu'il y ait dix cours de voussoirs posés, à partir de la pile. On fera la même opération

quand on sera parvenu au vingtième ; et enfin les vingt et un derniers cours de l'arche du milieu, et les onze derniers des autres arches y compris les clefs, seront coulés et fichés en même temps, en
commençant toujours l'opération par le joint inférieur et remontant
vers la clef.

Décintrement.

ARTICLE 168.

*Epoque du dé-
cintrement.*

On pourra décintrer les nouvelles voûtes trois semaines ou un
mois après la pose des clefs. Si cependant il pleuvoit beaucoup dans
cet intervalle, et que les mortiers n'eussent pas pu prendre assez de
consistance, on différerait l'opération.

ARTICLE 169.

On s'assurera de la consistance des mortiers en enfonçant dans
les derniers joints qui auront été coulés une sonde en fer, ou la
lame d'un outil tranchant ; et si l'on éprouve une résistance, telle
que la force d'un homme ne puisse la faire pénétrer à plus de deux
décimètres, alors on pourra décintrer sans inconvénient.

ARTICLE 170.

*Moyen de mesu-
rer le tassement
des voûtes.*

Avant cette opération, on aura soin de tracer sur les têtes des
trois arches, en amont et en aval, une ligne horizontale et deux lignes
inclinées, perpendiculaires sur le milieu du premier plan de joint,
afin de mesurer, au moyen de ces lignes, quel sera le tassement de
chacune des voûtes pendant et après le décintrement.

ARTICLE 171.

*Précautions à
prendre pour em-
pêcher les pierres
d'être épaufrées.*

Comme les joints de l'intrados des voussoirs à partir des naissances,
et ceux de l'extrados de la partie supérieure des voûtes doivent, par
l'effet du tassement des arches, se refermer ainsi qu'il est prévu et
expliqué à l'article 154, on aura l'attention de les dégarnir de mortier jusqu'à 8 centimètres de profondeur, et même d'ouvrir ces joints
avec un couteau à scie, dans le cas où les pierres se rapproche-

roient trop, afin de prévenir les épaufrures qui résulteroient de leur contact.

ARTICLE 172.

On a vu, dans les articles 138 et 140, que pour faciliter l'opéra- *Procédé pour* tion du décintrement, on a pratiqué dans les semelles des jambes *décintrer.* de force et dans celles des poteaux montans une mortaise percée dans toute l'épaisseur de la pièce. Deux traits de scie ont été donnés d'avance à ces poteaux montans et jambes de force, dans le prolongement des faces du tenon, afin qu'en ruinant peu à peu les joues de chaque côté du tenon, il puisse s'enfoncer dans la mortaise; enfin on a placé contre le parement des piles, derrière chacune des jambes de force une plate-forme arrondie et savonnée de manière à faciliter le glissement de ces pièces.

Après avoir enlevé successivement dans chaque arche les guettes ou contrevens posés entre les fermes, déplacé les cours de moises horizontales, et desserré les boulons des moises pendantes, on entaillera les abouts de chaque jambe de force, de manière qu'elles ne portent sur les semelles que dans moitié de leur épaisseur. Ensuite, au moyen de seize charpentiers travaillant simultanément dans chacune des arches, à commencer par celle du milieu, on ruinera peu à peu, soit avec la coignée, si l'on a des charpentiers habiles à sa disposition, soit, dans le cas contraire, avec de grands ciseaux et un maillet, la partie restante de chaque about.

On produira, par cette opération, un refoulement des fibres du bois, et un abaissement progressif et sans secousse de toutes les pièces qui portent sur les jambes de force. Cet abaissement, que l'on aura soin de graduer de manière à ce qu'il ne soit pas de plus d'un centimètre à la fois, détachera successivement de la voûte les cales sur lesquelles ont été posés les voussoirs, et que l'on enlevera à mesure qu'il y aura un peu de jeu entre elles et la douelle.

On s'arrêtera dans l'arche principale lorsque l'on sera parvenu à dégager la vingt et unième cale, à partir des naissances, et dans les deux autres lorsqu'on aura atteint la quinzième.

Ensuite on opérera de la même manière sur les abouts des poteaux montans des palées, que l'on ruinera peu à peu, et tous en même temps par le même procédé, jusqu'à ce que les voûtes cessent de porter sur les cintres.

Alors le décintrement sera achevé, et l'on s'occupera à enlever les couchis.

ARTICLE 173.

Démolition des cintres.

Afin que l'on puisse visiter facilement le parement de douelle, on ne commencera la démolition des fermes des cintres que huit jours après le décintrement. Cette démolition sera faite avec beaucoup de précaution, et de manière à ménager les bois, qui seront rentrés au chantier, classés et numérotés, afin de les faire servir à la construction de la seconde partie du Pont. Comme les poteaux montans et les jambes de force sont les seules pièces qui auront été endommagées et diminuées de longueur par les entailles qu'on y aura faites, on aura soin, dans l'épure que l'on fera pour les cintres de cette seconde partie du pont, de tenir les encorbellemens des piles, ainsi que des basses palées, plus hauts d'une quantité égale à la longueur de ces entailles.

ARTICLE 174.

Vérification du tassement.

A mesure que le décintrement s'opérera, on se rendra compte du tassement qui aura lieu à la clef de chaque voûte; et l'on en tiendra note, ainsi que du changement de courbure et des différences d'ouverture des joints. Ces effets se continuant pendant quelques mois après que les voûtes sont abandonnées à elles-mêmes, et jusqu'à ce que les mortiers soient parfaitement pris, on vérifiera de temps en temps les repères que l'on aura tracés.

Construction des tympans et couronnement du Pont.

ARTICLE 175.

Maçonnerie en moellons sur les reins des voûtes.

Quelques jours après que les arches seront décintrées, on pourra commencer la maçonnerie de moellons au-dessus des piles et des reins de chaque voûte, jusqu'à une hauteur de 3 mètres, à compter du dessus de la troisième assise du coussinet.

Le surplus de cette maçonnerie, jusqu'à la chape, ainsi que les assises des tympans, sera différé jusqu'à ce que le tassement des arches soit achevé, et que les opérations que l'on fera de temps en temps pour apprécier ce tassement, aient fait reconnoître qu'il n'y a plus aucun mouvement.

ARTICLE 176.

Afin de hâter cette époque, on chargera les arches, principalement vers la clef de chaque voûte, d'un poids supérieur à celui de la corniche, des parapets et du pavé qui resteront à construire, et dont on pourra d'avance déposer les matériaux de chaque côté du Pont.

Emmétrage de matériaux sur les voûtes pour hâter le tassement.

Le milieu sera occupé, soit par une chaussée, soit par un plancher provisoire, sur lequel passeront toutes les voitures de service.

Après que cette charge aura pesé sur les voûtes pendant plusieurs mois, et qu'elle n'y produira plus aucun effet, on pourra commencer la pose des tympans.

ARTICLE 177.

Les dimensions des assises de ces tympans, et celles des niches (1) qui doivent y être construites, sont indiquées ci-dessus à l'article 27.

Pose des tympans.

Les pierres seront posées par carreaux et boutisses de 0^{m}82 centimètres d'appareil réduit, et sur mortier de chaux et sable. Les joints de lit, ainsi que les joints montans, n'excéderont pas 2 millimètres, afin qu'ils ne soient pas apparens après le ragrément.

ARTICLE 178.

A mesure que la pose des assises des tympans aura lieu, on arasera la maçonnerie en moellons, qui doit être faite derrière ce pa-

---

(1) M. le Directeur général, par décision du 22 mars 1813, a arrêté que les niches projetées dans les tympans des voûtes seroient supprimées.

rement, jusqu'au niveau du lit de dessous de la première assise de la corniche.

Pose de la corniche.

On posera ensuite cette première assise de la corniche. Les dimensions de cette assise, ainsi que de la seconde, qui doit être placée dessus, sont indiquées à l'article 28.

Les pierres de celles portant les modillons auront au moins 2 mètres 2 décimètres de queue, mesurée depuis la face antérieure de ces modillons. Elles en porteront alternativement trois et quatre.

Celles de l'assise portant le larmier auront la même épaisseur d'appareil, et 1 mètre 5 décimètres au moins de longueur, mesurée sur le parement.

ARTICLE 180.

Pose du parapet.

Le parapet sera formé d'une seule assise de $0^m 8$ décimètres de hauteur. Son épaisseur est indiquée à l'article 28.

Les pierres seront posées jointivement l'une contre l'autre, de manière que les joints soient le moins apparens possible ; et aucune d'elles n'aura moins de 3 mètres de longueur.

ARTICLE 181.

Ragrément.

Lorsque la pose de la corniche et des parapets, tant en amont qu'en aval, sera terminée, on commencera leur ragrément, ainsi que celui des têtes du Pont. On pourra se servir, pour cette opération, d'un échafaud composé d'un taquet suspendu par une élinde, et fixé à la partie supérieure, contre le parapet, par une traverse et un montant. Cet échafaud, qui a été employé aux ragrémens des ponts de Neuilly et de Louis XVI, et qui est décrit dans l'ouvrage de Perronet, sera construit aux frais de l'adjudicataire, qui sera libre, s'il le juge convenable, d'employer tout autre moyen pour parvenir au même but.

ARTICLE 182.

Rejointoyemens.

On fera en même temps tous les rejointoyemens des paremens

vus. Tous les joints seront dégradés avec un crochet de fer, sur 3 centimètres de profondeur. Après les avoir mouillés, on introduira de nouveau mortier, fait avec du ciment ou pouzzolanne passé au tamis, et de la chaux vive en poudre. Ce mortier sera refoulé à plusieurs reprises, au moyen d'une spatule, et frotté jusqu'à ce qu'il devienne sec et noir.

Chape de ciment.

ARTICLE 183.

La chape sera établie à 0m 6 décimètres en contre-bas de la hauteur fixée à l'article 53, pour le pavé du Pont. Ses dimensions, ainsi que ses pentes en long et en travers, sont indiquées à l'article 30.

Construction de la chape.

Elle sera faite avec des éclats de moellons de 3 à 4 centimètres de grosseur, du caillou, et du mortier de chaux et pouzzolanne factice. Cette maçonnerie sera bien serrée, frappée et tassée avec un battoir en bois. Ensuite, on la couvrira d'une arase de même mortier, de 7 centimètres d'épaisseur, qui sera frottée à la truelle à plusieurs reprises, et jusqu'à ce qu'il ne paroisse plus aucune gerçure.

ARTICLE 184.

Cette chape comprendra toute la longueur des arches et des culées, et elle s'étendra dans la largeur comprise entre les murs verticaux qui portent les trottoirs. Le parement intérieur de ces murs sera rejointoyé avec le même mortier de chaux et pouzzolanne factice, de manière à ne laisser aucune prise aux infiltrations des eaux pluviales.

Banquettes des trottoirs.

ARTICLE 185.

Les banquettes de trottoirs seront en granit, taillé avec soin à la pointe fine. Chacune des pierres aura au moins deux mètres de lon-

Pose des banquettes.

gueur : leurs autres dimensions sont indiquées à l'article 31. Elles seront posées sur mortier de chaux et ciment ou pouzzolanne artificielle, de manière que leurs joints n'aient pas plus de 2 millimètres d'épaisseur.

ARTICLE 186.

Pavage des trottoirs.

A mesure qu'il y aura une longueur de 20 mètres de banquettes achevée, on fera le pavage des trottoirs, dont la largeur et la pente sont indiquées à l'article 31. Les pavés des trottoirs, qui auront 16 centimètres de grosseur en tous sens, seront posés sur une forme d'un décimètre d'épaisseur, en mortier de chaux et ciment ou pouzzolanne, et affermis avec le marteau du poseur seulement. Ils seront disposés par rangées droites, en liaison de la moitié de leur largeur. Leurs joints n'auront pas plus de 5 millimètres; et le tout sera recouvert, après que les joints et la pose auront été vérifiés par l'ingénieur ordinaire, d'une couche de sable fin et tamisé, de 2 centimètres d'épaisseur.

CHAPITRE IV.

Pavé.

ARTICLE 187.

Chaussée du pont.

Après avoir fait dans l'emplacement de la chaussée les remblais nécessaires, on s'occupera de la construction de cette chaussée, en lui donnant les dimensions et les pentes indiquées dans l'article 33.

Les pavés, dont la grosseur est fixée dans le même article à 24 centimètres en tous sens, seront posés sur une forme de sable de 25 centimètres d'épaisseur, par rangées droites, perpendiculaires à l'axe du Pont, et en liaison de la moitié de leur largeur.

Les joints seront garnis de sable, et leur épaisseur n'excédera pas 12 millimètres. Ces pavés seront bien serrés en tous sens battus et affermis avec une hie du poids de 25 kilogrammes, et jusqu'à ce que la surface de la chaussée et des revers soit parfaitement dressée, suivant les pentes et bombemens prescrits.

Le sable sera ensuite refoulé dans les joints avec un repoussoir, pour achever de les bien garnir ; et le tout sera recouvert d'une couche de sable de 3 centimètres d'épaisseur, qui ne devra être étendue qu'après vérification faite par l'ingénieur ordinaire.

SECTION III.

QUALITÉS ET EMPLOI DES MATÉRIAUX.

CHAPITRE PREMIER.

Maçonnerie.

Composition des mortiers.

ARTICLE 188.

La chaux sera prise aux fours de la côte de Sainte-Catherine, pour tous les ouvrages à construire sous l'eau, attendu qu'il résulte de l'analyse qui en a été faite, que c'est une véritable chaux maigre, dont une des qualités est de prendre et durcir rapidement dans l'eau. Chaux.

Pour les ouvrages exécutés hors de l'eau, l'entrepreneur emploiera indistinctement, et à sa volonté, la chaux prise à la côte Sainte-Catherine, ou celle provenant des fours de Dieppedale.

ARTICLE 189.

La chaux sera employée vive dans la composition du béton, ainsi que dans les ouvrages qui doivent être promptement recouverts par les eaux. Dans la maçonnerie hors de l'eau, l'entrepreneur sera libre ou de l'employer vive, et l'éteindre seulement sur le tas au moment de faire les mortiers, ou de l'employer éteinte depuis quelque temps dans des bassins creusés à cet effet dans une des parties

12

du chantier. Dans ce dernier cas, elle sera éteinte à mesure qu'elle sera transportée des fours au chantier, pour empêcher qu'elle ne s'altère par le contact de l'air.

ARTICLE 190.

Sable.

Le sable proviendra des sablières de Saint-Sever. Il sera passé à la claie. Celui qui ne sera pas graveleux, ou qui sera mélangé de parties terreuses, sera rebuté. On aura soin de le tenir à couvert sous des hangars, ainsi que la chaux, jusqu'à son emploi.

ARTICLE 191.

Ciment et pouzzolanne.

Au lieu de ciment, on emploiera la pouzzolanne artificielle, fabriquée et torréfiée dans les fours construits près la côte de Sainte-Catherine, par les soins de M. Le Masson, ingénieur en chef du département de la Seine-Inférieure, et dont il a fait l'épreuve avec succès dans la fondation d'un mur de quai construit en 1810, en amont du pont de bateaux.

Cette matière sera passée au tamis lorsqu'elle devra être destinée à la composition des mortiers fins employés à la pose des pierres. Si cependant il résultoit de l'emploi de cette matière une trop prompte dessiccation du mortier, ce qui est quelquefois un inconvénient, notamment dans la pose des voussoirs, où il faut que les mortiers conservent un peu de souplesse jusqu'à l'époque du décintrement : alors on y mettroit, pour rendre la dessiccation plus lente, une certaine quantité de ciment de tuilot, dans la proportion qui sera jugée convenable d'après l'expérience.

ARTICLE 192.

Mortiers : leur composition et leur fabrication.

On emploiera deux espèces de mortiers : l'un, dit mortier blanc, sera composé d'une partie de chaux éteinte et de deux parties de sable, ou de deux parties de chaux vive avec cinq parties de sable, si la chaux provient de la côte Sainte-Catherine, et avec huit parties si la chaux provient de Dieppedale.

L'autre mortier sera composé d'une partie de chaux éteinte et deux parties de pouzzolanne artificielle, ou de deux parties de chaux vive avec cinq de cette même pouzzolanne, si la chaux provient de la côte Sainte-Catherine, et avec huit parties si la chaux provient de Dieppedale.

On aura soin de ne pas mêler d'eau avec le mortier, et de le fabriquer à couvert pendant la pluie. Cette clause étant de rigueur, l'entrepreneur sera tenu d'avoir à cet effet des hangars couverts près de l'emplacement de chaque culée. On ne fabriquera à la fois que la quantité de chaque espèce de mortier qui pourra être employée dans la journée.

Les matières qui doivent entrer dans la composition des mortiers seront amenées sur l'emplacement destiné à cette fabrication, dans des brouettes fermées sur le devant, et d'une égale capacité, afin de pouvoir constater les proportions indiquées ci-dessus, sans être obligé de les mesurer partiellement, ce qui entraîneroit trop de perte de temps.

Ces matières seront bien broyées avec des rabots ou racles en fer, et non en bois, jusqu'à ce que le mélange soit bien intime.

Lorsqu'on emploiera la chaux vive, on aura soin de former, en sable grenu, une enceinte circulaire d'environ 1 mètre 6 décimètres de diamètre. On placera dans le fond la chaux concassée en morceaux de 3 ou 4 centimètres de grosseur; on la recouvrira soit avec du sable, soit avec de la pouzzolanne factice, dans les proportions indiquées ci-dessus pour la composition des mortiers.

On répandra ensuite de l'eau bien également, et peu à peu, avec des arrosoirs, et non autrement. La chaux en s'éteignant produira des crevasses, que l'on refermera avec une pelle à mesure qu'elles auront lieu.

Lorsqu'en enfonçant une sonde on aura reconnu que l'extinction de la chaux est achevée, on broiera le mélange avec des rabots ou racles en fer, comme il est indiqué ci-dessus.

Maçonnerie de béton.

La maçonnerie entre les pilots de fondation sera faite en béton et moellons posés alternativement, et par lits de 32 centimètres d'épaisseur pour le béton, et de 16 à 18 centimètres seulement pour les moellons, qui devront être réduits à cette grosseur.

Le béton sera composé de trois parties de chaux vive de la côte de Sainte-Catherine, deux parties de sable grenu, et quatre de pouzzolanne artificielle. Ces neuf parties étant mêlées ensemble, seront réduites, par l'effet du mélange, à huit, auxquelles on en joindra cinq de blocailles ou éclats de moellons de 4 à 5 centimètres de grosseur. Le tout sera broyé avec des racles en fer.

Mortier pour les rejointoyemens.

Le mortier pour les rejointoyemens sera composé d'une partie de chaux vive en poudre et de deux parties de pouzzolanne artificielle, passée au tamis. La chaux sera éteinte sur le tas, au moment même de l'emploi, et avant le mélange.

Moellons.

Emploi des différentes espèces de moellons.

Le moellon qui sera employé entre les cases des grillages des culées et en enrochement, sera extrait de la côte Sainte-Catherine.

Celui destiné à la maçonnerie des culées et des tympans des voûtes, ainsi qu'à la maçonnerie de béton, entre les pieux de fondation des piles, proviendra des carrières de Saint-Étienne. Il sera dur et ébousiné au vif sur toutes ses faces. Celui qui seroit rond, nommé *tête de chat*, ou trop tendre, sera rebuté. Les plus petits seront mis à part pour servir à la maçonnerie de béton.

Maçonnerie de moellons.

Les moellons qui seront employés dans le massif des culées ou des voûtes seront posés à bain de mortier. Ils seront arrangés soigneusement à la main, de manière à former des liaisons en tous sens. Ils seront battus au têtu pour les tasser sur leurs lits, et les serrer jusqu'à ce que le mortier remonte dans les joints. Ceux-ci seront ensuite garnis d'éclats de pierre dure, qui seront enfoncés avec force, afin qu'il n'entre que le mortier nécessaire, et qu'il n'y ait aucun vide dans la maçonnerie.

Pierre de taille.

ARTICLE 199.

Toute la pierre de parement sera extraite des carrières de Chérence, près de la roche Guyon : c'est celle qui a été employée à la construction de l'écluse de chasse du port du Havre, et qui n'est pas altérable par la gelée.

Pierre de Chérence.

Ces pierres seront transportées de la carrière au port, situé à 6 kilomètres de distance, avec des voitures, et du port d'embarquement à celui de Rouen, sur de grands bateaux. La distance par eau à parcourir est de 15 myriamètres.

On déchargera ces pierres sur le port, près le chantier du Pont, soit avec des grues, soit avec toute autre machine que l'entrepreneur fera établir à ses frais.

ARTICLE 200.

Les libages de remplissage des culées et des piles proviendront des carrières de Caumont, près Rouen. Ils seront transportés par bateaux jusqu'au port de Rouen, où ils seront débarqués par la même machine que les pierres de Chérence.

Libages de Caumont.

ARTICLE 201.

Il sera extrait de la côte Sainte-Catherine, des blocs, cubant environ un demi-mètre cube, destinés à former les enrochemens au-devant des pieux jointifs de fondation des culées et des piles. Ces blocs seront chargés sur des bateaux au pied

Blocs de la côte Sainte-Catherine pour enrochemens.

de la côte, et amenés dans l'emplacement où ils devront être immergés.

ARTICLE 202.

Qualités des pierres de parement. Toutes les pierres de taille destinées à être employées en parement doivent arriver de la carrière, essemillées avec soin jusqu'au vif, et sans fils ni moies. Elles devront rendre un son plein en les frappant avec la pioche. Celles qui donneront un son creux, ou s'écraseroient sous la pioche, ne seront pas admises. On n'admettra pas non plus en parement apparent, au-dessus des eaux moyennes, les pierres qui, au lieu d'offrir une surface lisse, présenteroient des aspérités, ou des cavités produites par des coquillages, ou par de petites pierres siliceuses, nommées *bisets*.

ARTICLE 203.

Taille des pierres de parement. Les lits des assises courantes et des cours de voussoirs devront être sans démaigrissement sensible dans toute leur étendue, et parfaitement dressés.

Les joints montans seront également de franc appareil, et dressés sur toute leur étendue pour les piles, les demi-piles et les voûtes, et sur une longueur de 60 centimètres au moins pour les murs d'épaulement, les murs de tête des culées, et les tympans des voûtes.

Les arêtes des paremens et des douelles seront sans écornures et bien avivées; ces paremens seront sans miroir ni épaufrure.

Ceux des assises en bossage seront en taille rustiquée à la pointe fine et à la Boucharde, entourée d'une ciselure de 16 millimètres d'épaisseur.

Les paremens des autres assises et de la douelle des voûtes, comprise entre les chaînes de tête, seront bien taillés et layés.

Dans le bardage et la pose des pierres, on aura soin de placer les pinces au moins à 3 décimètres de distance du parement, et de se servir de valets et paillassons, afin de ne pas écorner les arêtes.

ARTICLE 204.

Toutes les pierres de parement des piles et culées, ainsi que des murs d'épaulement, seront, ainsi qu'il est dit article 77, posées sur bain de mortier.

Celles des voûtes seront posées sur cales de bois de chêne, d'une épaisseur déterminée par celle des joints, qui a été indiquée à l'article 154. Ces cales ne pourront être placées à une distance moindre de 2 décimètres des paremens et des angles.

Lorsqu'il s'agira de ficher les pierres d'un cours de voussoirs, on remplira les trous de louve, si on a été dans le cas d'en faire usage, avec des éclats de pierre et du mortier fait avec de gros ciment. On garnira entièrement les joints d'étoupe, et on y versera de l'eau, qu'on laissera pendant quelques minutes, afin d'humecter la pierre. Après en avoir fait couler l'eau, on remplira les joints de lit de mortier, que l'on refoulera avec la fiche à dents.

ARTICLE 205.

Les libages seront piqués à la pointe fine en leurs faces, lits et joints, et dressés d'équerre. Ils auront une hauteur d'appareil égale aux pierres de taille de Chérence, derrière lesquelles ils seront posés.

Ceux qui seront rejetés comme trop tendres, ou à cause de quelques fils ou autres défectuosités, seront cassés au têtu, et employés comme moellons. Les pierres de parement qui seront rebutées pour les motifs ci-dessus, pourront être employées et comptées comme libages.

ARTICLE 206.

Le granit dont seront faites les banquettes des trottoirs proviendra des carrières de Sainte-Honorine, département du Calvados.

Il sera pris dans la masse la plus dure. Tous les blocs seront essemillés avec soin sur la carrière, suivant les dimensions, à 6 millimètres près , et en plus sur chaque face , indiquées à l'article 31. Le refouillement pour loger le pavé sera fait sur la carrière.

Les paremens apparens y seront bien dégauchis, et recevront une taille rustiquée, de manière qu'il n'y ait pas plus des 6 millimètres indiqués ci-dessus à reprendre sur le chantier, lorsqu'il s'agira d'achever la taille desdits paremens, qui seront piqués avec soin , et bien également, à la pointe fine.

ARTICLE 207.

Les bornes qui seront posées aux angles des trottoirs dans la place circulaire, ainsi qu'aux entrées du Pont, et dont les dimensions sont indiquées à l'article 32, seront en pierre de même qualité que les banquettes. Elles seront ébauchées et arrondies sur la carrière, de manière qu'il n'y ait pas plus de 6 millimètres à reprendre pour achever la taille.

Elles seront scellées dans un massif en maçonnerie de moellons de Saint-Étienne, d'un mètre 5 décimètres de largeur en tous sens, sur un mètre de hauteur.

ARTICLE 208.

Briques.

La maçonnerie de briques, qui formera le parement des murs de rampe, entre les chaînes en pierre de taille, sera faite avec mortier de chaux et pouzzolanne , dans les proportions indiquées à l'article 192.

Les briques seront choisies parmi celles de Bourgogne, de la qualité la plus dure; elles auront 22 centimètres de longueur sur 11 centimètres de largeur et 6 centimètres d'épaisseur. Toutes celles qui seront reconnues tendres, ou qui n'auroient pas exactement les dimensions prescrites, seront rebutées.

CHAPITRE II.

Bois.

ARTICLE 208 *bis.*

Les bois de charpente pour tous les ouvrages compris au détail Qualités des bois.
estimatif et au présent devis, seront de chêne, droits, sains, sans
aubier, pourriture, ni nœuds vicieux ; ils ne seront point échauffés,
gras, gelisses, ni tranchés dans leurs fils.

L'entrepreneur aura néanmoins la faculté, si toutefois il ne peut
pas se procurer une suffisante quantité de bois de chêne dans les
qualités et longueurs prescrites, d'employer moitié des pieux en bois
de hêtre dans les fondations des culées seulement, conformément à
la décision de M. le Directeur général, en date du 29 mai 1812 ; et,
dans ce cas, il lui sera fait une déduction du tiers des prix portés
pour le bois de chêne.

Il pourra employer le bois de sapin dans les ponts de service et les
échafauds.

Les bois équarris seront à vive arête, à 4 centimètres près, mesurés sur le pan coupé, après que leur aubier aura été enlevé.

On n'emploiera pas de croûtes dans les racinaux, plates-formes,
palplanches, bords de caissons, et autres bois de sciage.

ARTICLE 209.

L'entrepreneur aura soin d'isoler de la terre les bois qui seront
en approvisionnement dans les chantiers, en laissant assez d'intervalle entre eux pour qu'ils ne s'échauffent pas pendant la durée des
travaux.

ARTICLE 210.

Les pieux de fondation seront de droit fil, en grume et sans écorce. Pieux.
Leur petit bout sera taillé en pointe sur une longueur de 50 centimètres ; on y réservera un carré de 6 centimètres, pour porter exactement sur le fer dont ils seront armés.

Les pieux jointifs seront en bois équarris, au moins sur les deux faces par lesquelles ils doivent se toucher, et sur une largeur qui ne sera pas moindre que 2 décimètres.

Ces pieux auront les dimensions indiquées pour chacun dans la seconde section, suivant la place qu'ils doivent occuper.

ARTICLE 211.

Bois des grillages et caissons.

Les chapeaux, racinaux et autres bois à employer dans les fondations, seront préparés dans les chantiers et coupés de longueur long-temps avant de faire les épuisemens, ainsi que les équipages pour le transport et la pose de ces bois, afin de ne pas prolonger les épuisemens à faire jour et nuit, et en augmenter la dépense.

ARTICLE 212.

Les faces supérieures et inférieures des chapeaux et racinaux des culées, toutes celles des chapeaux, racinaux et poteaux à rainure des caissons, seront parfaitement dressées à la scie ou à la bisaiguë. Les pièces qui, même après l'emploi, seroient reconnues avoir des flaches, inégalités ou défectuosités quelconques, ou des dimensions moindres que celles portées au devis, seront remplacées de suite aux frais de l'entrepreneur.

ARTICLE 213.

Bois des cintres.

Le même degré de perfection ne sera pas exigé dans les bois des cintres, ces bois devant rentrer à l'entrepreneur après la construction; il faudra cependant qu'ils aient les qualités requises à l'art. 208. Leurs faces pourront n'être pas dressées; mais on aura soin que leur ligne de milieu réponde avec la plus grande précision à l'épure sur laquelle ils seront mis en œuvre, et que la taille des joints soit bien exacte.

CHAPITRE III.

Fers.

ARTICLE 214.

Tout le fer proviendra des forges du Berri; il sera bien corroyé, doux et non cassant.

Fer du Berri.

ARTICLE 215.

Les fers des pieux auront quatre branches, de chacune 0^{m}5 décimètres de longueur, 45 millimètres de largeur, et 9 millimètres d'épaisseur. Les branches seront soudées avec soin au sabot, sans être affoiblies ni brûlées.

Fers des pieux.

Le sabot proprement dit aura 0^{m}8 centimètres en carré par le dessus, et se terminera en cône de 0^{m}15 centimètres de longueur, un peu arrondi à sa pointe. Chaque branche sera percée de quatre trous, et sera fixée avec autant de forts clous, qui seront forgés exprès. Le tout devra peser 12 kilogrammes et demi, comme il a été dit ci-dessus à l'article 59.

ARTICLE 216.

Les lardoires pour les palplanches auront deux branches pareilles à celles des fers pour les pieux, et qui seront percées et clouées de la même manière. Le sabot emboitera le bout de ces palplanches sur 0^{m}3 centimètres de hauteur. Elles peseront 5 kilogrammes, comme il a été dit à l'article 50.

Fers des palplanches.

ARTICLE 217.

Les chevilles qui seront employées pour arrêter les plates-formes sur les racinaux auront de 16 à 19 centimètres de longueur. Les autres fers pour frettes, broches, plates-bandes, crampons, tirans, étriers et boulons, auront, suivant la place à laquelle ils seront destinés, les dimensions portées dans la deuxième section du présent devis.

Chevilles, boulons et autres fers.

Ils seront visités avec soin et reçus, au moment de l'emploi, par l'ingénieur. Dans le cas où, après l'emploi, un de ces fers se casse-roit, et que cette cassure provînt de la mauvaise qualité ou mal-façon, l'entrepreneur remplacera à ses frais la pièce cassée.

CHAPITRE IV.

Pavé.

ARTICLE 218.

Indication des carrières.

Les pavés seront taillés dans les roches les plus dures des environs de Meulan et de Vétheuil. Ils auront les dimensions précédemment prescrites à l'article 33 pour la chaussée du Pont, et à l'article 31 pour les trottoirs.

Ils seront exactement équarris sur toutes leurs faces. Ceux qui ne seroient pas bien équarris et ceux qui seroient reconnus tendres, seront rebutés, tant sur les carrières que sur le tas, même après l'emploi.

ARTICLE 219.

Le sable pour la forme du pavé sera pris, comme celui employé pour la maçonnerie, dans les sablières de Saint-Sever.

SECTION IV.

ORDRE A SUIVRE DANS LES TRAVAUX.

CHAPITRE PREMIER.

Travaux faits avant l'ouverture de la campagne 1813.

Ouvrages exécutés par régie, antérieurement à l'adjudication du 23 août 1813.

ARTICLE 220.

Année 1811, 1ère campagne.

Ces ouvrages, dont il a été rendu compte dans l'état de situation de l'exercice 1811, rédigé par M. l'ingénieur en chef Le Masson, consistent dans les travaux préparatoires suivans :

La barrière de clôture du chantier de l'emplacement de la culée, rive droite ; la construction du bâtiment des bureaux et magasins des travaux, au compte du Gouvernement;

La démolition du vieux mur de quai et d'un égout situé dans l'emplacement de la culée, rive droite;

Les fouilles de cette culée, jusqu'à une profondeur de 1 mètre 8 décimètres au-dessus de l'étiage;

L'établissement de plusieurs jalons et signaux dans l'axe du Pont et de la rue projetée, et la réparation des maisons sur lesquelles ont été placés ces signaux.

Ouvrages exécutés en vertu de l'adjudication du 23 août.

ARTICLE 221.

La culée de la rive droite est fondée ainsi que les murs d'épaulement, et la maçonnerie en est élevée jusqu'à 1 mètre 53 centimètres au-dessus de l'étiage répondant au niveau de la cinquième assise.

Année 1812, 2ᵉ campagne.

Elle a été fondée au moyen d'un batardeau qui est encore en place, et qu'il faudra démolir au commencement de la campagne, pour en employer les bois à la construction de celui de la culée à fonder sur la rive gauche.

Les pieux de douze palées du pont de service, et ceux autour de l'emplacement de la première pile, rive droite, sont battus au nombre de cent trente-six. Ils sont coiffés d'un chapeau retenu sur la tête des pieux par un étrier en fer.

Ces palées sont terminées par des brise-glaces.

Le plancher du pont de service a été exécuté et mis en place sur une surface de   Les bois ont été rendus à l'entrepreneur pour être mis en dépôt et replacés, à ses frais, au commencement de la campagne 1813, suivant la condition prescrite à l'article 265.

ARTICLE 222.

Les clôtures de chantier, les forges, les hangars pour la fabrication des mortiers, et ceux pour les ouvrages de charpente, sont construits.

ARTICLE 223.

Le fond du caisson pour la fondation d'une pile est taillé.

ARTICLE 224.

Il existe en outre sur les chantiers : 1°, 1092 mètres cubes de bois de charpente ; 2°, 588 mètres cubes de pierres et libages; 3°, 150 mètres cubes de moellons; 4°, 87 mètres cubes de pouzzolanne artificielle. Le détail de ces approvisionnemens et la qualité de chaque espèce sont indiqués ci-après, à la sixième section.

CHAPITRE II.

Travaux restant à exécuter en vertu de l'adjudication à venir.

ARTICLE 225.

Le décret du 10 juin 1810 porte que le Pont de Rouen sera terminé avant dix ans.

La construction de la levée à établir pour l'accès du Pont du côté du faubourg Saint-Sever, la formation de la place dans l'île la Croix, du mur d'épaulement circulaire qui réunit les culées des deux parties du Pont; tous ces ouvrages, qui ne sont pas compris dans le présent devis, et sans lesquels pourtant le Pont ne peut pas être considéré comme terminé, exigent au moins l'emploi d'une campagne.

Ainsi, pour atteindre le terme fixé par ledit décret, les ouvrages détaillés dans les première et deuxième sections de ce devis, et qui feront l'objet de l'adjudication, doivent être achevés à la fin de la campagne 1818 : ce qui fait six campagnes, à compter du 1er janvier 1813.

Ouvrages à exécuter en 1813.

ARTICLE 226.

Aussitôt après l'approbation de son marché par M. le Directeur général, le nouvel adjudicataire travaillera à mettre en plus grande activité l'exploitation de la carrière de Chérence pour les pierres de parement, et celle de Saint-Étienne pour le moellon. Il complétera l'approvisionnement des pieux de fondation, et il s'occupera simultanément des ouvrages ci-après : *Année 1813, 3ᵉ campagne.*

1°. La continuation de maçonnerie de la culée, rive droite ;

2°. L'enlèvement du batardeau et sa reconstruction en avant de l'emplacement de la culée, rive gauche ;

3°. Le battage des pieux d'enceinte de la première pile, du côté de la ville ;

4°. L'achèvement du pont de service, en commençant par le battage des pieux de ce pont autour de l'emplacement de la seconde pile.

ARTICLE 227.

Pendant la campagne de 1813, il devra

1°. Élever la maçonnerie de la culée de la rive droite jusque sous l'entablement, et construire les murs d'épaulement jusque sous l'assise de couronnement ;

2°. Fonder et élever la culée de la rive gauche jusque sous le couronnement de la demi-pile, démolir le batardeau, et construire, avec les mêmes bois celui de la culée, rive droite, de l'autre partie du Pont ;

3°. Fonder et élever la pile du côté de la ville jusque sous le cordon.

Il devra continuer avec activité l'exploitation de la carrière de Chérence et ses approvisionnemens en bois.

Ouvrages à exécuter en 1814.

ARTICLE 228.

Année 1814, 4ᵉ campagne.
On commencera cette campagne par continuer la maçonnerie de la culée de la rive gauche de la première partie du Pont, que l'on élevera à la même hauteur que celle de la rive droite.

ARTICLE 229.

Dès que les eaux seront assez basses pour permettre d'achever le batardeau commencé pendant la campagne précédente autour de cette culée, on reprendra ce travail.

On s'occupera en même temps de la fondation de la deuxième pile sur le bras droit, qui sera fondée et élevée, dans cette campagne, jusques et compris les assises de couronnement et de coussinet.

On placera les assises correspondantes sur la première pile déjà fondée, et l'on battra et moisera les pieux des basses palées des cintres.

ARTICLE 230.

Le résultat de la campagne de 1814 sera donc

1º. L'achèvement des piles et culées de la partie du Pont à construire sur le bras droit;

2º. L'établissement des basses palées des cintres;

3º. L'approvisionnement des pierres pour la construction des voûtes, et la taille d'une partie des bois pour les cintres.

Ouvrages à exécuter en 1815.

ARTICLE 231.

Année 1815, 5ᵉ campagne.
Pendant les mois d'hiver qui précéderont la reprise des travaux, on continuera à travailler, dans le chantier et sous des hangars couverts, à la taille des fermes en charpente pour les cintres.

Aussitôt que la température sera assez douce pour permettre d'employer les tailleurs de pierre, on commencera à tailler les premiers cours de voussoirs d'après les panneaux qui ont été remis à l'appareilleur, après être vérifiés sur les épures, qui auront été construites avant la fin de la précédente campagne.

Dès que les eaux du fleuve auront baissé au-dessous du plancher du pont de service, on travaillera au levage des cintres, qui sera suivi de la pose des voûtes de la première partie du Pont.

Ces voûtes seront fermées et décintrées dans cette campagne.

ARTICLE 232 (1).

En même temps l'on s'occupera

1º. De fonder et d'élever la maçonnerie d'une des culées sur l'autre bras, jusqu'à la hauteur des naissances des arches ;

2º. De construire une partie du pont de service jusqu'à l'emplacemant d'une des piles seulement, afin de ne pas porter obstacle à la navigation ;

3º. De fonder et élever cette pile jusqu'à la hauteur du cordon , si la saison n'est pas trop avancée, et que l'état de la rivière le permette.

ARTICLE 233.

Avant l'hiver on démolira les cintres, que l'on rentrera avec soin dans le chantier ; on démolira également les parties restantes du pont de service, et on en arrachera les pieux , afin de livrer le bras droit du fleuve au service de la navigation, à la fin de 1815.

Ouvrages à exécuter en 1816.

ARTICLE 234.

La navigation n'ayant plus lieu dans le bras gauche du fleuve, on pourra , dès que le moment de reprendre les travaux sera arrivé, établir le pont de service sur toute la largeur comprise entre les

Année 1816, 6ᵉ campagne.

---

(1) Dans le cas où l'on feroit de chacune des deux parties du Pont l'objet d'une adjudication partielle , on suppose que l'on n'attendra pas, pour adjuger la seconde partie , que la première soit totalement terminée.

14

culées, avec les matériaux qui proviendront de la démolition de celui qui étoit construit sur le bras droit.

Alors on commencera la construction de la seconde culée sur le bras gauche, que l'on pourra élever, ainsi que celle construite pendant l'année précédente, jusque sous la corniche.

On travaillera en même temps au battage des pieux de fondation de la seconde pile, qu'on élèvera dans cette campagne jusques et y compris les assises de coussinet.

On placera également les assises de cordon et de coussinet sur celle fondée en 1815.

On battra aussi les pieux des basses palées des cintres dans les trois arches, afin de pouvoir commencer le levage de ces cintres dès les premiers jours de la campagne suivante.

ARTICLE 235.

Pendant que ces travaux s'exécuteront sur le bras gauche, on construira sur l'autre partie du pont la maçonnerie des reins de chaque voûte, l'entablement, le parapet, les assises des tympans, les trottoirs, la chape et la chaussée.

ARTICLE 236.

On complétera l'approvisionnement des pierres pour les trois voûtes restant à construire, et l'on pourra commencer à tailler les premiers cours de voussoirs.

Ouvrages à exécuter en 1817.

ARTICLE 237.

Année 1817, 7ᵉ campagne. Dès que la reprise des travaux pourra avoir lieu, on s'occupera du levage des cintres sur le bras gauche. Cette opération sera suivie de la construction des trois voûtes à construire sur ce bras, qui seront posées et décintrées dans la même campagne. Aussitôt que le décintrement sera terminé, on travaillera à la démolition des cintres, échafauds et ponts de service, et à l'arrachage des pieux des palées.

ARTICLE 238.

En même temps on fera les ragrémens et rejointoyemens des arches construites sur le bras droit, et on commencera la fondation des murs de rampe.

Ouvrages à exécuter en 1818.

ARTICLE 239.

L'année 1818, qui sera consacrée à la dernière campagne, sera employée :

1°. A poser la corniche, le parapet, la chape et les trottoirs;

2°. A achever les ragrémens et rejointoyemens de tous les ouvrages exécutés;

3°. A continuer la maçonnerie des murs de rampe, et à poser les cordons et parapets de ces murs;

4°. A terminer les remblais et le pavage du Pont et de ses abords;

5°. A faire la reconnoissance et le métrage général de tous les ouvrages, dont la réception définitive devra avoir lieu le 1er mars de l'année 1819.

Année 1818, 8e et dernière campagne.

NOTA. Cette division de travaux par campagnes pourra être modifiée en raison des circonstances et des fonds qui seront disponibles. En conséquence, il sera rédigé, chaque année, un plan de campagne qui sera soumis à M. le Directeur général; et quand il l'aura approuvé, l'entrepreneur sera tenu de s'y conformer.

SECTION V.

INDICATION,

1°. Des ouvrages à exécuter, ou résultats des métrages faits d'après les dimensions portées dans les quatre premières sections ;

2°. Des quantités des ouvrages exécutés, ainsi que des approvisionne-mens existant sur les chantiers à l'époque de la deuxième adjudication, et qui seront livrés au nouvel adjudicataire.

ARTICLE 240.

OUVRAGES.

Désignation des ouvrages.

Extrait du Détail estimatif.

PREMIÈRE PARTIE.

Construction des trois Arches sur le bras droit.

PREMIÈRE SECTION.

Ouvrages à exécuter pour la construction des culées et des piles jusqu'aux naissances des arches.

	MONTANT DES OUVRAGES		
	COMPRIS dans LE DEVIS.	EXÉCUTÉS.	RESTANT à EXÉCUTER.
	f. c.	f. c.	f. c.
CHAP. 1ᵉʳ. Culée sur la rive droite, du côté de la ville .	279,657 77	221,480 90	58,176 87
2. Culée sur la rive gauche du côté de l'île . .	256,463 80	. . . . .	256,463 80
3. Fondation de la pile, du côté de la ville, y compris le pont de service	312,657 88	53,321 99	259,335 89
4. Fondation de la pile, du côté de l'île	192,423 76	. . . . .	191,423 76
SECTION II.			
Ouvrages à exécuter depuis la naissance des arches jusqu'au dessous du couronnement.			
CHAP. 5. Culées et arcades pour le halage, sans y comprendre les demi-piles.	111,040 72	. . . . .	111,040 72
6. Cintres des arches du Pont	152,748 33	. . . . .	152,748 33
7. Construction des arches et chaperons des piles.	296,026 98	. . . . .	296,026 98
SECTOIN III.			
Couronnement et pavage.			
CHAP. 8. Corniches, parapets, banquettes, bornes et chape en ciment	124,348 46	. . . . .	124,348 46
9. Pavage.	17,436 79	. . . . .	17,436 79
10. Construction des rampes, du côté de la ville.	185,765 62	. . . . .	185,765 62
Total pour la première partie . . .	1,927,570 11	274,802 89	1,652,767 22

DEUXIÈME PARTIE.

Construction des trois arches sur le bras gauche.

	MONTANT DES OUVRAGES		
	COMPRIS dans LE DEVIS.	EXÉCUTÉS.	RESTANT à EXÉCUTER.

SECTION IV.

Ouvrages à exécuter pour la construction des culées et des piles, jusqu'aux naissances des arches.

	f. c.	f. c.	f. c.
CHAP. 11. Culée sur la rive droite, du côté de l'île .	235,677 36		235,677 36
12. Culée sur la rive gauche, du côté du faubourg Saint-Sever	235,677 36		235,677 36
13. Fondation de la pile, du côté de l'île, y compris le pont de service	230,223 09		230,223 09
14. Fondation de la pile du côté du faubourg Saint-Sever	191,423 76		191,423 76

SECTION V.

Ouvrages à exécuter depuis la naissance des arches jusqu'au-dessous du couronnement.

CHAP. 15. Culées et arcades pour le halage, sans y comprendre les demi-piles	222,081 44		222,081 44
16. Cintres des arches du pont	45,874 95		45,874 95
17. Construction des arches et chaperons des piles.	296,026 98		296,026 98

SECTION VI.

Couronnement et pavage.

CHAP. 18. Corniche, parapet, banquettes, bornes et chape en ciment.	124,348 46		124,348 46
19. Pavage.	17,436 79		17,436 79
Total pour la deuxième partie. . .	1,598,770 19		1,598,770 19

SECTION VII.

	fr. c.			
Dépenses diverses, frais d'épuisemens, acquisitions de terrains, etc.	592,547 79			
Somme à valoir pour les dépenses variables, telles que le battage des pieux des piles, échouage du caisson, immersion de la maçonnerie de béton, etc.	307,452 21	900,000	70,000	830,000

ARTICLE 241.

Désignation des approvisionnemens sur les chantiers.

1°. Matériaux métrés, reçus et comptés dans les états de situation, aux prix indiqués ci-après :

Bois.

	f.	c.		f.	c.
20 pieux en chêne, de 8 à 10 mètres de longueur, cubant ensemble 12ᵐ 99ᶜ, à 109 f. 45 c.	1,421	75			
6 sapins de 11 à 18ᵐ de longueur, cubant ensemble 10ᵐ 35ᶜ, à 109 f. 45 c.	1,132	81			
21 palplanches en chêne, de 15 à 16ᶜ d'épaisseur, cubant ensemble 7ᵐ 91ᶜ, à 126 f. 50 c.	1,000	61		21,086	47
87 morceaux en chêne équarri pour les caissons, cubant 51ᵐ, à 147 f. 58 c.	7,526	58			
63 morceaux en chêne, bois en grume, cubant 75ᵐ 42ᶜ, à 109 f. 45ᶜ	8,254	72			
5,000 de merrains, à 35 f. le o/o.	1,750				

Fers.

	f.	c.		f.	c.
967 boulons, pesant ensemble 6,724 kilog., à 1 f. 32 c.	8,875	68			
666 kilog. de rondelles, à 1 f. 20 c.	799	20		9,842	88
20 sabots à quatre branches, pesant ensemble 140 kilog., à 1 f. 20 c.	168				

Pierre.

	f.	c.		f.	c.
345ᵐ 64ᶜ cubes de pierre de Chérence, à 68 f. 66 c.	23,731	64			
118ᵐ cubes de pierre de Caumont, à 25 f. 87 c.	3,052	66			
150ᵐ cubes de moellon de Saint-Étienne, à 5 f.	750			29,750	80
87ᵐ cubes de pouzzolanne artificielle, à 19 f. 50 c.	1,696	50			
24ᵐ cubes de chaux, à 20 f.	480				
20ᵐ cubes de sable de carrière, à 2 f.	40				

PRIX EFFECTIF 60,680 15

A déduire le rabais déterminé par la première adjudication . . 3,567 14

RESTE pour valeur des approvisionnemens faits 57,113 01

2°. Matériaux déposés sur les chantiers, lesquels seront cédés au nouvel entrepreneur, de gré à gré, ou à dire d'experts.

Pierre de Chérence.

7^m 137^c de libage.

Taille.

31^m 13^c superficiels de parement.
180^m *Idem* de lits et joints.

Pierre de Caumont.

52^m 72^c cubes de libage taillé.
64^m 89^c cubes de libage non taillé.

Pieux.

17 pilots en bois de hêtre, cubant ensemble 18^m 69^c.

Bois de chêne équarris.

27^m 84^c cubes de bois de chêne pour les racinaux.
7^m 43^c cubes de chapeaux, provenant du pont de service.

Bois en grume.

9^m 77^c cubes de bois de 0^m 20^c, à 0^m 35^c d'équarrissage.
1^m 66^c cubes de 0^m 20^c et au-dessous.

Petits bois équarris.

674^m 26^c cubes de bois de 0^m 20^c d'équarrissage et au-dessus.
102^m 11^c d'*idem* de 0^m 20^c et au-dessous.

Bois de hêtre.

29^m cubes en bois équarris et en grume.

Bordages neufs en chêne.

52^m 44^c superficiels de bordages, de 0^m 5^c, à 0^m 9^c d'équarrissage.
162^m 12^c *idem* de 0^m 9^c, à 0^m 11^c.
72^m 64^c superficiels de dosses de diverses épaisseurs.

Bordages en hêtre.

46^m 52^c de 0^m 7^c, à 0^m 10^c d'épaisseur.

Vieux bordages.

En chéne.

164^m 10^c superficiels de 0^m 5^c, à 0^m 9^c d'épaisseur.
240^m 49^c de 0^m 9^c, à 0^m 11^c d'épaisseur.

En hêtre.

139^m 13^c superficiels de 0^m 5^c, à 0^m 9^c d'épaisseur.
49^m 26^c *idem* de 0^m 9^c, à 0^m 11^c d'épaisseur.

Fers.

12 sabots à quatre branches, pesant 125 kilogrammes.
24 sabots à deux branches, pesant 133 kilogrammes.
276 kilogrammes de vieux clous de diverses espèces.
97 *idem d'idem* , de 12 à 16 centimètres de longueur.
145 kilogrammes de chevillettes, de 25 à 60 centimètres de longueur.
41 kilogrammes de crampons

SECTION VI.

CONDITIONS IMPOSÉES A L'ADJUDICATAIRE.

CHAPITRE PREMIER.

Clauses particulières à l'adjudication.

Réglement des ouvrages.

ARTICLE 242.

Division des ou-
vrages en deux
classes.

Les ouvrages à exécuter, et qui sont détaillés dans les première et [deuxième sections du présent devis, seront divisés en
deux classes, conformément à la lettre de M. le Directeur général,
du 21 juin 1811.

La première comprendra les travaux dont les quantités peuvent
être prévues d'avance, et dont l'évaluation est portée dans la première
colonne du détail estimatif.

La deuxième concernera les travaux dont les dépenses sont incertaines et variables , et qui sont indiqués par aperçu dans la deuxième colonne du même détail.

L'adjudication , seulement pour les travaux compris dans la première classe, sera faite en bloc et à un seul entrepreneur.

ARTICLE 243.

L'adjudicataire s'engagera en conséquence à faire, dans les délais indiqués à la quatrième section, tous les travaux nécessaires pour terminer la construction du Pont de Rouen ;

SAVOIR :

1°. Les travaux compris dans la première classe, et dont les quantités sont énoncées en toutes lettres dans la cinquième section, seront exécutés par lui pour le montant de son adjudication ;

2°. Pour les travaux compris dans la deuxième classe, ceux dont les prix et les quantités sont indéterminés, tels que les épuisemens, l'immersion de la maçonnerie de béton et de moellons par lits alternatifs, le battage et le recepage sous l'eau des pieux des piles, la démolition des maçonneries au-dessous de l'eau, l'échouage d'un caisson sur les pieux, seront faits en régie, ou marchandés à la tâche aux ouvriers par l'ingénieur en chef.

Ceux dont les quantités seulement sont variables, tels que le cube de la maçonnerie de béton, celui des terres à draguer tant dans les batardeaux, que dans l'intérieur des piles, celui des enrochemens au pied des fondations, seront réglés aux prix du détail, modifiés dans le rapport du montant de ce détail à celui de l'adjudication.

ARTICLE 244.

Le rabais de l'adjudication sera réparti proportionnellement sur chaque espèce d'ouvrage ainsi que sur les élémens de ces prix portés dans les sous-détails.

Rabais réparti proportionnellement.

Les nouveaux prix ainsi déterminés, et sur lesquels l'adjudicataire ne sera admis à aucunes réclamations, lors même qu'elles seroient fondées sur des erreurs vraies ou prétendues dans les élémens des sous-détails, serviront de base pour le règlement de ses comptes.

ARTICLE 245.

L'adjudicataire exécutera tous les ouvrages, suivant les dimensions et conditions énoncées dans le devis. Il sera tenu néanmoins de se conformer à tous les changemens qui lui seront officiellement ordonnés, soit que ces changemens produisent augmentation ou diminution sur les quantités d'ouvrages portées au devis.

ARTICLE 246.

Déductions à faire à l'entrepreneur, quand les matériaux n'ont pas les dimensions prescrites.

Lorsque l'entrepreneur sera resté au-dessous des dimensions, épaisseur d'appareil, grosseur de fer et de bois indiquées dans le devis, ou dans les instructions particulières qui lui seront données par les ingénieurs pour chacun des ouvrages qui ne seront pas spécialement prévus au devis, il lui en sera fait déduction, pourvu que la diminution ne puisse porter aucun préjudice à la solidité ; ce qui sera jugé par l'ingénieur en chef sur le rapport de l'ingénieur ordinaire. Dans le cas contraire, il sera tenu de refaire les ouvrages, suivant la teneur du devis ou des instructions.

ARTICLE 247.

Matériaux cédés à l'entrepreneur.

L'entrepreneur sera tenu de prendre pour comptant, à raison de 20 fr. le mètre cube, déchet compris, et eu égard au transport dans le chantier, les pierres qui se trouvent déposées sur le quai de Saint-Sever, provenant de la démolition des piles du vieux pont.

Le cube de ces matériaux, déduction faite de ce qui a été employé ou réservé pour la construction du quai neuf, sera de 600 mètres au moins.

Le métrage en sera fait au moment de l'emploi contradictoirement avec l'entrepreneur, et chaque pierre sera numérotée.

Toutes celles qui auront les dimensions requises seront employées comme libages dans les culées et piles.

ARTICLE 248.

Le cube des terres enlevées à la drague dans l'intérieur des batardeaux, ainsi que dans l'emplacement de chaque pile, sera calculé d'après les sondes, prises en présence de l'entrepreneur avant et après le draguage.

On emploiera le même procédé pour constater la quantité de maçonnerie de béton plongée entre les pieux de fondation, en ayant soin de retrancher l'espace occupé par les pilots.

Métrages.

ARTICLE 249.

Les métrages seront faits géométriquement, sans avoir égard aux usages ; et tous les ouvrages seront exécutés conformément aux règles de l'art, aux conditions du devis, aux dessins annexés à ce devis et aux épures qui seront remises par les ingénieurs, auxquels l'entrepreneur sera spécialement subordonné pour tout ce qui concerne les travaux.

ARTICLE 250.

Il sera dressé, à la fin de chaque mois, un état des dépenses faites pendant ce mois, et divisé en deux chapitres.

Etats mensuels de dépenses.

Le premier comprendra la dépense des ouvrages exécutés, calculés d'après les prix du détail estimatif. On déduira du montant le rabais donné par l'adjudication.

Dans ce même chapitre seront aussi portés le montant des ouvrages en régie, les dépenses pour le salaire des gardiens, et en général toutes les dépenses des ouvrages et fournitures qui ne doivent pas rester à la charge de l'adjudicataire, suivant l'article 252 et suivans, et qui seront cependant acquittés par lui, d'après les états signés des ingénieurs ; états qu'il devra représenter pour obtenir le montant de ses avances, en sus desquelles il lui sera alloué un vingtième.

Le deuxième chapitre comprendra la valeur, à un cinquième près, des approvisionnemens de matériaux propres aux constructions du Pont, ainsi que des cintres, caissons et pont de service.

Les bois d'échafauds ne seront pas compris parmi les approvisionnemens et ne seront comptés dans les états qu'après l'emploi.

ARTICLE 251.

Compte définif à la fin de chaque campagne.

Le compte définitif, qui annullera tous les comptes partiels, sera divisé en trois chapitres.

Le premier contiendra le montant des ouvrages, en supposant qu'ils aient été exécutés en tous points conformément au devis.

Ce chapitre sera une copie du détail estimatif, rectifié pour les ouvrages compris dans la première colonne de ce détail, dans le cas seulement où celui-ci contiendroit des erreurs de calcul, et pour ceux portés dans la seconde colonne, d'après les métrages faits et attachemens tenus pendant l'exécution des travaux.

A la fin de ce chapitre, on fera déduction de la valeur des ouvrages exécutés, et des approvisionnemens faits antérieurement à la seconde adjudication.

Le deuxième chapitre comprendra les augmentations ou diminutions d'ouvrages autorisés.

On portera dans le troisième les approvisionnemens en pierre et bois restant sur le chantier.

Un compte définitif, dans la forme indiquée ci-dessus, sera rédigé, à la fin de chaque campagne, pour servir de base à l'état de situation des ouvrages, qui sera adressé par M. le Préfet à M. le Directeur général.

Fournitures et dépenses aux frais de l'entrepreneur.

ARTICLE 252.

Matériaux, ouvriers et outils.

L'entrepreneur fournira tous les matériaux, les fera tailler, charger et voiturer dans les chantiers, et à pied-d'œuvre.

Il fournira également toutes les peines d'ouvriers, les outils de toute espèce, les cables et cordages, etc.

ARTICLE 253.

.Il fera établir et équiper à ses frais les machines et les équipages, Machines et équi-
comme grues, chèvres, singes, sonnettes, dragues à hotte et à main, pages.
roues, charriots, binards, camions et brouettes.

Dans les travaux en régie, tels que le battage des pieux des piles
et autres, les frais d'outils, d'échafauds, de sonnettes, de moises et
coursives, et d'équipages, seront entièrement au compte de l'entrepreneur. Il lui sera alloué, pour chacune des machines qui seront
employées ;

SAVOIR ,

Pour une sonnette à déclic, armée d'un mouton de 750 kilogrammes, et pour une sonnette à tiraudes, armée d'un mouton de
600 kilogrammes, avec tout ce qui concerne leur équipement, cordages, graisse, chantiers et madriers pour placer les hommes, pinces, leviers, crampons, frettes, et tout ce qui est nécessaire au battage des pieux, par pieu. . . . . 6 fr. oo c.

Sonnettes à tiraudes, *idem*, pour les pieux d'échafaud, batardeau et pont de service, par pieu. 2   5o

Grue ou singe avec tous ses apparaux, cordages et
chantiers, par jour. 5

Cabestan avec ses apparaux et cables de toutes longueurs, par jour. 3

Chèvre de 6 à 7 mètres de hauteur et au-dessus,
par jour. 3

Arrache-pieu, avec ses apparaux, tels que chaînes,
cordages, leviers, etc., par jour. 6

ARTICLE 254.

Il paiera les commis, appareilleurs, gacheurs et piqueurs qu'il Paiemens des
emploiera à la surveillance de ses ouvriers, et dont le nombre sera commis, appareil-
fixé par l'ingénieur en chef, suivant les besoins du service et l'é- à son service.
tendue de l'atelier.

(118)

ARTICLE 255.

Gardiens de chantier.

Il y aura deux anciens militaires préposés à la garde des chantiers du Pont, et plus, s'il est jugé nécessaire. Ils seront au compte du gouvernement, et portés sur les rôles des travaux en régie; mais les autres gardiens que l'entrepreneur jugera convenable d'employer pour veiller jour et nuit à la sûreté de ses chantiers, seront à sa charge.

ARTICLE 256.

Clôtures des chantiers.

Il sera tenu d'enclore à ses frais par des barrières solidement construites, 1° la partie du quai de Rouen, qui sera considérée comme chantier, tant du côté de la ville, que du côté du faubourg Saint-Sever; 2° la portion du Champ-de-Mars et les autres emplacemens qui lui seront accordés pour déposer ses matériaux. Les clôtures des chantiers du Pont et de celui des bois de construction seront faites en palissades de 2 mètres 5 décimètres au moins de hauteur; celles qui entoureront les chantiers de pierres seront des barrières à hauteur d'appui.

ARTICLE 257.

Conservation des arbres.

Il veillera à la conservation des arbres du Champ-de-Mars et du Cours, et sera responsable des avaries qu'ils éprouveroient par l'approche ou le choc des matériaux qu'il fera déposer autour.

Les matériaux qui resteront dans les chantiers et sur le pavé, après la construction des ouvrages, seront enlevés à ses frais, et les places rendues nettes, afin que le passage soit rendu libre au public.

ARTICLE 258.

Magasins, forges et hangars.

L'entrepreneur fera construire les magasins, forges et hangars nécessaires dans les emplacemens qui lui seront indiqués, sans qu'il puisse prétendre à aucune indemnité pour ceux des bâtimens qu'il seroit dans le cas de démolir et reconstruire par suite de changemens dans les dispositions du service, ou dans l'ordre des travaux.

ARTICLE 259.

Il fera établir, sous un de ces hangars, une aire en plâtre., dressée parfaitement de niveau, d'une étendue suffisante pour le tracé des épures.

Aire en plâtre pour l'épure.

ARTICLE 260.

Il sera chargé de la fourniture de toutes les machines qui seront employées aux épuisemens, et qui sont désignées à l'article 58.

Machines à épuiser.

S'il emploie de préférence la vis d'Archimede, il sera tenu d'en avoir au moins douze, dont six de sept mètres de longueur, pour atteindre le niveau de la buse placée dans le batardeau, et six de six mètres, pour reprendre les eaux à cette hauteur, et les reporter par-dessus le batardeau, lorsque le niveau de la rivière excédera le plafond de la buse.

Il lui sera accordé pour douze heures de travail de chacune de ces machines, y compris les frais d'auges, d'échafaud, de voile et de pose, 6 fr.

Le produit de la vis servira de terme de comparaison pour régler le prix de location des autres machines employées, en raison de la quantité d'eau qu'elles éleveront, et de la hauteur.

Lorsqu'une de ces machines, mise en place, ne servira que par intervalle, le prix de location ne sera compté que pour le temps pendant lequel elle sera en activité.

ARTICLE 261.

A compter de l'époque où les épuisemens seront commencés, l'entrepreneur sera tenu d'employer, soit de jour, soit de nuit, le nombre d'ouvriers qui sera fixé par l'ingénieur en chef.

Dans le cas où il en emploieroit moins, il supportera les frais d'épuisemens, proportionnellement au nombre d'ouvriers manquans.

ARTICLE 262.

A compter du 1er mai jusqu'au 1er octobre, il sera placé sur le chantier, aux frais de l'entrepreneur et pour rafraîchir les ouvriers,

Vinaigre à fournir aux ouvriers.

des tonneaux remplis d'eau et de vinaigre dans la proportion d'une partie de fort vinaigre dans trente parties d'eau.

Le mélange se fera en présence d'un des conducteurs du gouvernment, qui en rendra compte aux ingénieurs.

ARTICLE 263.

Frais de marine. L'entrepreneur fournira les mariniers, bateaux, barquettes et batelets nécessaires pour le service des travaux, ainsi que pour le transport des ouvriers et matériaux.

Il sera en outre tenu d'entretenir un batelet propre et garni de tous ses agrès, avec un marinier, destiné uniquement à conduire les ingénieurs, conducteurs et piqueurs du gouvernement sur tous les points où leur présence sera nécessaire. Ce batelet ne pourra, sous aucun prétexte, être employé à un autre service que du consentement de l'ingénieur en chef.

ARTICLE 264.

Ouvrages et dépenses accessoires au compte de l'entrepreneur. Les états de dépense ne devant comprendre que les ouvrages décrits dans le détail estimatif, et mentionnés dans les première et deuxième sections du devis, ou ceux en augmentation et diminution autorisés par M. le Directeur général, on ne portera point en compte la construction de la cale pour le lançage des caissons, ni les frais de cette opération, les chemins établis pour le roulage des terres, les échafauds pour le battage des pieux, soit que le battage ait lieu en régie ou au compte de l'entrepreneur, ceux pour le levage des cintres et pour la pose des voûtes, ceux pour les ragrémens et rejointoyemens, les étrésillonnemens et chevalemens nécessaires, tant pour prévenir les éboulemens des terres que pour assurer la solidité des ouvrages, les radeaux pour la pose des moises des basses palées du pont de service et des ventrières des batardeaux, les panneaux pour la taille des pierres, les cerces et les quarts de cercle pour la pose des voussoirs; enfin les dépenses et fournitures accessoires, telles que la paille, les bottes pour le travail dans l'eau, l'éclairage des travaux de nuit, l'eau-de-vie accordée aux ouvriers travaillant dans l'eau ou dans la vase, et toutes autres dépenses pour lesquelles il n'est alloué aucun prix particulier dans le détail estimatif, et qui sont implicitement comprises dans chaque sous-détail des ouvrages.

ARTICLE 265.

A la fin de chaque campagne, l'entrepreneur démontera à ses frais et rentrera dans son chantier les bois des planchers du pont de service. Ceux de ces bois qui auront été métrés précédemment ne le seront pas de nouveau lorsqu'ils seront remis en place ou remplacés par d'autres.

Il ne pourra rien réclamer pour la dépose et repose de ces échafauds ; il sera responsable des pertes qui résulteroient de sa négligence.

Les bois qui seroient volés sur le tas, sur la rivière ou sur le chantier, seront remplacés à ses frais.

Rentrée des bois dans le chantier.

ARTICLE 266.

Il sera également responsable de toutes les dégradations que les gelées pourroient occasionner aux pierres et moellons qui resteront sur les chantiers, ou qui seront déjà employés. Il aura soin, pour garantir la maçonnerie pendant l'hiver, de la couvrir de paille et recoupes de pierres, qui seront mises et enlevées à ses frais. Il sera tenu de remplacer les pierres qui, même après la pose et avant que l'ouvrage soit terminé, seront avariées.

Remplacement des matériaux avariés.

ARTICLE 267.

Il ne pourra rien prétendre au-delà des évidemens et refouillemens portés dans le détail estimatif, non plus que pour les dérasemens qu'il sera obligé de faire sur les assises posées pour s'assujétir aux hauteurs et niveaux prescrits.

Aucune augmentation sur les évidemens.

ARTICLE 268.

Il ne sera pas admis à réclamer d'augmentation pour les distances auxquelles il aura à transporter les matériaux, si elles diffèrent de celles indiquées au devis, attendu que si ces distances sont plus

Aucune réclamation sur les distances indiquées.

fortes pour quelques objets, elles sont plus foibles pour d'autres, et qu'il y a compensation.

Ne sont pas compris dans cet article les matériaux provenant des démolitions, déposés à pied-d'œuvre ou à peu de distance, et réemployés de suite.

ARTICLE 269.

Modifications dans le système des cintres et pont de service.

Si dans l'exécution des ouvrages il étoit reconnu nécessaire de faire quelques modifications au système des cintres et pont de service, il n'en seroit tenu compte en plus ou en moins à l'entrepreneur, qu'autant que ces modifications diminueroient ou augmenteroient d'un vingtième le cube des matériaux.

ARTICLE 270.

Indemnités de terrain pour extraction de matériaux.

Le paiement des indemnités réclamées par les propriétaires des terrains pour l'extraction des pierres, sables, terres fortes et autres matières, sont à la charge de l'entrepreneur.

ARTICLE 271.

Entretien des ouvrages.

Il entretiendra tous les ouvrages en bon état jusqu'au jour de leur réception, qui n'aura lieu que six mois après que la totalité de ces ouvrages aura été achevée et ragréée.

Fournitures et dépenses aux frais du Gouvernement.

ARTICLE 272.

Bureaux des ingénieurs, appointemens des conducteurs et piqueurs.

Les bureaux des ingénieurs, les appointemens des conducteurs et piqueurs, et les salaires des gardiens pour le maintien de l'ordre sur les travaux, seront à la charge du gouvernement.

ARTICLE 273.

Machines fournies par le gouvernement.

Le gouvernement fournira la cure molle pour le draguage des piles et des batardeaux, la machine pour le recepage des pieux, les règles, mires et instrumens pour les opérations, à l'exception de ceux qui appartiennent aux ingénieurs, tels que les niveaux à bulle d'air, etc.

ARTICLE 274.

Une fois que les machines à draguer et autres, fournies par le gouvernement, auront été reconnues en bon état par les ingénieurs, en présence de l'entrepreneur, l'entretien de ces machines sera au compte dudit entrepreneur, qui sera tenu de les rendre dans le même état.

Travaux en régie.

ARTICLE 275.

Les épuisemens pour la fondation des culées seront exécutés en régie, et constatés par attachemens tenus par les ingénieurs, contradictoirement avec l'entrepreneur. Le battage des pieux des piles, et les autres ouvrages désignés ci-dessus à l'article 243, soit pour être exécutés en régie, soit pour être marchandés à la tâche aux ouvriers, seront acquittés par l'entrepreneur, à qui ils seront remboursés avec un dixième de bénéfice s'il a fourni des outils et équipages, et avec un vingtième seulement s'il n'y a de sa part qu'une avance de fonds, conformément à l'article 24 des conditions générales ci-après.

ARTICLE 276.

Les indemnités pour cession de propriété des terrains et maisons situés dans l'emplacement du port ou des chantiers de construction, celles pour l'extraction des terres ocreuses servant à la composition de la pouzzolanne factice, celles allouées aux ouvriers pour accidens ou blessures arrivés sur l'atelier; les gratifications accordées aux ouvriers du chantier pour pose de première pierre, pour encouragement et pour jours de fête; la dépense de l'eau-de-vie distribuée à ceux qui passent la nuit aux épuisemens, ou qui sont forcés de travailler dans l'eau, seront au compte du gouvernement.

Indemnités pour cession de propriétés, ouvriers blessés, etc.

ARTICLE 277.

Les droits d'octroi sur tous les matériaux seront acquittés par l'entrepreneur; mais attendu qu'ils pourront augmenter ou diminuer pendant la durée des travaux, ils n'ont pas été compris dans

Droits d'octroi.

les prix du détail estimatif, non plus que dans le montant de l'adjudication.

L'entrepreneur en sera remboursé sur la somme à valoir, sans
aucun bénéfice pour avance de fonds, à mesure de l'emploi des
matériaux de chaque espèce.

ARTICLE 278.

Cas de force majeure.

Aux termes de l'article 266, l'entrepreneur est responsable de
toutes les avaries en général auxquelles sa négligence, les retards
ou la mauvaise exécution des ouvrages donneroient lieu.

Dans le cas cependant où une crue subite, ou une forte dé-
bacle occasionneroient des dégâts dans les parties de pont de
service, d'échafauds ou de batardeau, qu'il ne sera pas tenu
par l'article 265 de démonter, ou qu'il aura été dans l'impossibilité
d'enlever, il en sera dressé procès-verbal, ainsi que de la dépense,
pour en être tenu compte, s'il y a lieu, par décision particu-
lière de M. le Directeur général, sur le montant de la somme
à valoir.

*Surveillance de l'atelier, et mesures prescrites pour l'activité et
la solidité des ouvrages.*

ARTICLE 279.

Visites des ate-
liers et magasins

Les ingénieurs pourront visiter, toutes les fois qu'ils le jugeront
convenable, les magasins et chantiers de l'entrepreneur, et faire
enlever les matériaux qu'ils reconnoîtroient n'avoir pas les qualités
requises.

Les pierres déjà taillées sur les chantiers, qui seroient reconnues défectueuses, seront légèrement écornées par l'ingénieur,
et ne pourront être employées que comme libages dans l'intérieur
de la maçonnerie.

Celles qui ne pourroient pas être employées comme libages dans les
constructions du Pont, en raison de leur mauvaise qualité, ou parce

que leur quantité surpasseroit celle des libages à employer, seront cassées et réduites en moellons aux frais de l'entrepreneur.

ARTICLE 280.

Aucun cours de voussoirs, aucune assise ou portion d'assises ne pourront être recouverts qu'après que les dimensions des pierres auront été vérifiées par l'ingénieur. Toute pierre défectueuse, ou qui ne rempliroit pas les conditions exigées, sera déplacée et remplacée aux frais de l'entrepreneur.

Vérification des matériaux.

Celui-ci ne pourra pas prétendre à de nouveaux paiemens avant d'avoir rempli cette condition.

ARTICLE 281.

Les bois de construction ne pourront être mis en œuvre qu'après avoir été visités sur toutes les faces par l'ingénieur, qui pourra faire démonter ceux qui auront été assemblés sans que cette formalité ait été remplie.

Emploi des bois, et rejet de ceux défectueux.

Ceux qui seroient reconnus défectueux seront rebutés conformément aux conditions énoncées article 212.

Les pieux et palplanches ne pourront être mis en fiche avant que leurs dimensions et la qualité du bois aient été vérifiées par l'ingénieur ou par le conducteur.

Les dernières volées pour le refus seront battues en présence de l'ingénieur; qui délivrera à l'entrepreneur une carte signée de lui, et portant le numéro du pieu, ce qui lui servira de titre pour exiger le prix du battage.

Les pieux des piles qui auront été mis en fiche avant le draguage, seront battus une seconde fois, après cette opération, lors même qu'on aura déjà obtenu le refus exigé.

Il en sera de même des pieux et palplanches des batardeaux, dans le cas où ce second battage seroit reconnu nécessaire par l'ingénieur en chef pour assurer leur solidité.

ARTICLE 282.

Les ingénieurs, pour s'assurer de la bonne qualité des fers, les

Vérification des fers.

visiteront avant l'emploi, dans l'atelier des forges, toutes les fois qu'ils le jugeront convenable.

Ils pourront faire trancher quelques-unes des barres pour reconnoître si le fer a du nerf, et si le grain est serré.

Ils rebuteront et feront sortir sur-le-champ de l'atelier celles qui n'auroient pas les qualités requises par l'article 214.

Ils pourront aussi exiger de l'entrepreneur qu'il représente les factures des fournisseurs, pour constater que le fer provient des forges du Berri, comme il est prescrit à l'article 214.

ARTICLE 283.

Pesées des fers. Les fers et plombs qui entreront dans la construction du Pont devront être pesés en présence de l'ingénieur ou du conducteur ; et il sera délivré à l'entrepreneur une reconnoissance qui devra renfermer la désignation du nombre, de l'espèce et du poids des pièces pesées.

ARTICLE 284.

Renvoi des commis et ouvriers insubordonnés. L'entrepreneur sera tenu de renvoyer, sur la réquisition des ingénieurs, les appareilleurs, gacheurs, commis et ouvriers qui seroient inhabiles ou insubordonnés.

Il ne pourra employer, en qualité d'appareilleur ou de gacheur, que des hommes qui auront déjà conduit de grands travaux de même espèce, et qui seront agréés par l'ingénieur en chef.

Ces employés seront payés à l'année, et leur salaire ne pourra être au-dessous de 6 fr. par jour.

Si ceux présentés par l'entrepreneur ne réunissent pas les connoissances suffisantes pour assurer la bonne exécution des ouvrages, il y sera pourvu par l'ingénieur en chef ; et dans ce cas, ceux qui seront employés seront salariés par le gouvernement au prix porté ci-dessus, et la retenue de leur salaire sera faite à l'entrepreneur.

ARTICLE 285.

Absence de l'entrepreneur. L'entrepreneur ne pourra s'absenter de l'atelier pendant plus d'un jour, ni s'y faire représenter que d'après le consentement de l'ingénieur en chef, qui préalablement s'assurera de la capacité de la personne qu'il présentera pour le remplacer.

ARTICLE 286.

Si l'entrepreneur se refusoit à prendre, pendant la construction, toutes les précautions qui lui seront prescrites pour garantir la solidité des ouvrages ; s'il refusoit de faire enlever des chantiers les matériaux rejetés par les ingénieurs ; s'il ne fournissoit pas à temps le nombre d'outils, d'équipages et d'ouvriers qui seroient nécessaires, soit aux carrières, soit dans les chantiers du Pont ;

Ouvriers mis aux frais de l'entrepreneur en cas de retard dans les travaux ; régie provisoire en cas de retard dans ses paiemens.

Enfin, si les approvisionnemens éprouvoient du retard, il y sera pourvu par l'ingénieur en chef, qui en rendra compte à M. le Préfet du département.

Les états de dépenses des ouvrages qui seront exécutés par ordre de l'ingénieur en chef, ainsi que les mémoires des fournitures qu'il aura fait faire à prix convenu, devront être acquittés par l'entrepreneur.

S'il refusoit d'acquitter ces états ou mémoires, tous les ouvrages seroient mis en régie pendant le reste de la campagne ; et il seroit alors nommé par M. le Préfet, avec l'autorisation de M. le Directeur général, un régisseur chargé de payer toutes les dépenses, d'après les états signés des ingénieurs. Ce régisseur recevroit le vingtième du montant de toutes les avances.

Si le montant des ouvrages et des approvisionnemens admis se trouvoit moindre que celui des à-comptes délivrés à l'entrepreneur, joint à celui des dépenses faites par régie, l'excédant seroit pris sur la retenue et le cautionnement dont il sera parlé ci-après.

L'adjudication seroit en outre résiliée de droit à la fin de la campagne ; et à cette époque seulement les comptes définitifs seroient réglés d'après les prix de l'adjudication ; et les travaux seroient adjugés de nouveau pour la campagne suivante, à la folle enchère de l'entrepreneur et de sa caution.

ARTICLE 287.

L'entrepreneur sera prévenu par écrit toutes les fois que les ingénieurs se détermineront à mettre des ouvriers à ses frais, ou à se procurer, également à ses frais, les matériaux et équipages qui seroient nécessaires.

ARTICLE 288.

Les ouvriers mis aux frais de l'entrepreneur ne pourront être congédiés sans le consentement des ingénieurs; et les fournitures qui auroient été commandées dans les circonstances énoncées à l'article 286, devront être prises et payées par l'entrepreneur, lors même que celui-ci se seroit déjà procuré les matériaux ou équipages qui feroient l'objet de ces fournitures.

ARTICLE 289.

Sous-marché.

L'entrepreneur ne pourra céder le tout ou partie de ses ouvrages, ni les sous-marchander, sans y avoir été autorisé par arrêté de M. le Préfet du département de la Seine inférieure, sous peine de cassation desdits marchés.

ARTICLE 290.

Contestations jugées administrativement.

Toute contestation relative aux travaux sera portée devant M. le Préfet, pour être jugée administrativement sur le rapport de l'ingénieur en chef.

Mode et époque des paiemens et garantie des ouvrages.

ARTICLE 291.

Avances de l'entrepreneur.

L'entrepreneur qui se rendra adjudicataire commencera par avancer une somme de vingt-cinq mille francs en approvisionnemens de matériaux.

Il lui sera en outre fait sur le montant des ouvrages exécutés et portés dans les états de dépenses dressés à la fin de chaque mois conformément à l'article 250, une retenue d'un dixième, jusqu'à ce que ces retenues, ajoutées à la première avance de vingt-cinq mille francs, complètent une somme de cinquante mille francs dont il restera constamment en avance jusqu'à la réception définitive des ouvrages.

ARTICLE 292.

L'entrepreneur ne pourra réclamer de paiemens que de mois en mois, et lorsque le montant des dépenses faites surpassera de vingt mille francs celui de la retenue.

Époque des paiemens.

ARTICLE 293.

Les paiemens seront faits à mesure de l'avancement des ouvrages, sur les fonds qui y seront affectés chaque année, et en conséquence des ordonnances de paiement qui interviendront, d'après le mandat délivré par M. le Préfet du département, sur le certificat de l'ingénieur en chef.

ARTICLE 294.

L'entrepreneur sera tenu de fournir un cautionnement en immeubles de la valeur de cinquante mille francs, qui servira de garantie pour les avances du gouvernement, dans le cas où par suite d'une régie établie conformément à l'article 286, par suite d'erreurs dans les états d'à compte, ou par tout autre motif, il se trouveroit à découvert avec ledit entrepreneur.

Cautionnement.

ARTICLE 295.

Outre ce cautionnement en immeubles, la caution de l'entrepreneur sera solidairement responsable, tant envers l'administration qu'envers les fournisseurs et les ouvriers, des fournitures et dépenses propres aux travaux, qui n'auront pas été payées par lui.

Conditions relatives à la reprise des ouvrages exécutés et des approvisionnemens faits avant la présente adjudication.

ARTICLE 296.

L'ingénieur ordinaire fera, en présence du nouvel adjudicataire et de l'ancien entrepreneur ou ses ayant cause, la vérification des métrages, dont les résultats ont été rapportés à la

Reconnoissance des travaux exécutés et des approvisionnemens.

17

section V du devis. Il sera dressé procès-verbal de cette vérification, dans lequel seront constatées l'espèce, les dimensions et les quantités des ouvrages exécutés antérieurement à la présente adjudication, les ouvrages préparés et les approvisionnemens existant sur les chantiers.

ARTICLE 297.

Déchet à compter sur les matériaux repris.

Dans les métrages qui seront faits sur les chantiers pour constater les approvisionnemens, l'ingénieur aura égard aux déchets que les matériaux devront éprouver au moment de leur emploi, et qui seront réglés d'avance ainsi qu'il suit, d'après la reconnoissance faite sur l'atelier par l'ingénieur en chef soussigné :

Pierre brute de Chérence . . . . 1/8e.

On rabattra en outre 2 centimètres sur toutes les faces, pour redressement des lits et joints.

Pierre taillée, *idem* . . . . 1/20e.

Libage de Caumont ébousiné . . . . 1/12e.

On rabattra en outre 2 centimètres sur toutes les faces, pour redressement des lits et joints.

Libage de Caumont, taillé sur toutes ses faces, sur le mètre carré de taille. . . . . 1/25e.

Moellons. . . . . 1/20e.

Bois équarris, non taillés, pour les chapeaux, racinaux et plates-formes, pour les caissons, et pour les cintres. . 1/10e.

Idem taillés . . . . 1/20e.

Idem en grume . . . . 1/8e.

Pieux en grume . . . . 1/10e.

Idem affûtés et armés de leurs sabots . . . . . . 1/20e.

Bois ordinaire pour Pont de service et échafauds. . . 1/12e.

Idem en grume . . . . 1/8e.

ARTICLE 298.

Il sera fait déduction au nouvel entrepreneur des ouvrages entièrement exécutés, d'après les prix de son adjudication.

Il lui sera pareillement fait déduction de la valeur des fonds de caissons assemblés sur les chantiers, d'après les prix de son adjudication, mais sans y comprendre la partie de ces prix relative au transport et à l'assemblage sur les cales.

ARTICLE 299.

Il sera tenu de reprendre tous les matériaux en pierres, bois, fers, ainsi que les cordages, outils, machines et équipages existant sur les chantiers ou dans les magasins;

Prix auxquels les matériaux seront repris par l'adjudicataire.

SAVOIR,

Ceux qui seront reçus et compris dans les états de dépenses, et dont la quantité est énoncée ci-dessus à la cinquième section, seront repris par le nouvel adjudicataire aux prix de l'adjudication de 1811, dont il lui sera donné connoissance avant l'adjudication, et qui seront diminués d'un vingtième. Dans l'emploi qui sera fait de ces mêmes matériaux, il sera tenu compte des différences en plus et en moins entre les prix de l'adjudication de 1811 et ceux de la nouvelle adjudication.

Les autres matériaux, ainsi que les magasins, hangars, clôtures de chantier, équipages, machines et outils, seront estimés et remboursés à dire d'experts.

ARTICLE 300.

Lorsque ces matériaux auront déjà reçu un commencement de main-d'œuvre, il en sera tenu compte à l'entrepreneur sortant, aux prix de la nouvelle adjudication, déduction faite du dixième de bénéfice, qui ne peut être alloué pour ces mains-d'œuvre que lorsque ces matériaux sont en place et les ouvrages achevés.

ARTICLE 301.

Les paiemens à faire par le nouvel adjudicataire à l'entrepreneur sortant ne seront faits que d'après les états dressés contradictoirement entre eux, visés par l'ingénieur en chef, et desquels on déduira les sommes qui pourroient avoir été précédemment payées à compte à l'ancien entrepreneur.

Epoque du remboursement à faire à l'ancien adjudicataire.

Ces paiemens seront acquittés dans les six mois qui suivront l'approbation de l'adjudication.

CHAPITRE II.

Clauses générales.

ARTICLE 302.

Conditions générales imposées par M. le Directeur général des ponts et chaussées.

L'adjudicataire se soumettra à l'exécution des clauses et conditions générales imposées aux entrepreneurs par M. le Directeur général des ponts et chaussées, et dont un exemplaire sera joint à ce devis, pour tous les articles qui sont applicables aux travaux du Pont de Rouen.

ARTICLE 303.

Impression et distribution du devis aux entrepreneurs.

Le présent devis sera imprimé et distribué aux entrepreneurs qui se présenteront à l'adjudication, afin qu'ils puissent en étudier tous les articles, connoître d'avance les conditions qui leur seront imposées, et pour que celui dont la soumission sera acceptée n'ait, pendant et après l'exécution des ouvrages, aucune réclamation à faire sur la manière dont lesdits ouvrages seront métrés et réglés.

ARTICLE 304.

Paiemens des frais d'affiches, timbre, etc. etc.

L'entrepreneur paiera sans délai les frais d'affiches, ceux d'impression et les droits de timbre et d'enregistrement auxquels la présente adjudication donnera lieu.

FAIT à Rouen, le 23 décembre 1812;

Par le soussigné ingénieur en chef des ponts et chaussées, chargé de la direction des ponts de l'École Militaire et de Rouen.

LAMANDÉ.

Vu par nous Préfet. Rouen, le 15 février 1813.

Sᵉ GIRARDIN.

Approuvé conformément à ma lettre de ce jour, Paris le 22 mars 1813.

Le Conseiller d'État Directeur général.

Cᵗᵉ MOLÉ.

TABLE.

SECTION III. *Qualités et emploi des matériaux.*

SECTION IV. *Ordre à suivre dans les travaux.*

SECTION V.

SECTION VI. *Conditions imposées à l'adjudicataire.*

FIN DE LA TABLE.

De l'Imprimerie de CELLOT, rue des Grands-Augustins, n° 9.

www.ingramcontent.com/pod-product-compliance
Lightning Source LLC
Chambersburg PA
CBHW062021200326
41519CB00017B/4879